oekom

ClimatePartner°
klimaneutral
Verlag | ID: 128-50040-1010-1082

Dieses Buch wurde klimaneutral hergestellt. CO_2-Emissionen vermeiden, reduzieren, kompensieren – nach diesem Grundsatz handelt der oekom verlag. Unvermeidbare Emissionen kompensiert der Verlag durch Investitionen in ein Gold-Standard-Projekt. Mehr Informationen finden Sie unter www.oekom.de.

Bibliografische Information der Deutschen Nationalbibliothek:
Die Deutsche Nationalbibliothek verzeichnet diese Publikation in der Deutschen Nationalbibliografie; detaillierte bibliografische Daten sind im Internet unter http://dnb.d-nb.de abrufbar.

oekom verlag, Gesellschaft für ökologische Kommunikation mbH,
Waltherstraße 29, 80337 München

Layout und Satz: Reihs Satzstudio, Lohmar
Korrektorat: Silvia Stammen, München
Umschlagentwurf: Elisabeth Fürnstein, oekom verlag
Umschlagabbildung: © coco – Fotolia.com
Druck: Bosch-Druck GmbH, Ergolding

Dieses Buch wurde auf 100%igem Recyclingpapier gedruckt.

ISBN 978-3-86581-716-7

FSC
www.fsc.org
RECYCLED
Papier aus Recyclingmaterial
FSC® C011862

Christoph Then

HANDBUCH AGRO-GENTECHNIK

Die Folgen für Landwirtschaft, Mensch und Umwelt

Für das Zustandekommen dieses Buches haben sich viele Menschen mit Tipps, Kommentaren zum Inhalt und auch bei der Finanzierung engagiert. Ich danke dem Verein Testbiotech und seinen UnterstützerInnen, ohne die dieses Buch nicht möglich gewesen wäre. Insbesondere bedanke ich mich bei Andreas Bauer-Panskus, C.H., Sylvia Hamberger, Daniel Hertwig, Astrid Österreicher und Ruth Tippe.

Das Autorenhonorar dieses Buches geht an den Verein Testbiotech.

Inhalt

Aus Gründen der besseren Lesbarkeit wird bei einigen Textstellen auf die gleichzeitige Verwendung männlicher und weiblicher Sprachformen verzichtet. Sämtliche Personenbezeichnungen gelten gleichwohl für beiderlei Geschlecht.

1 Einleitung

Gentechnik ermöglicht Eingriffe in das Erbgut von Mikroorganismen, Tieren und Pflanzen unter Umgehung der natürlichen Mechanismen der Vererbung. Sie ist auf die Ebene der DNA (Desoxyribonukleinsäure, englisch Deoxyribonucleid Acid) gerichtet, die Erbsubstanz, die sich bei Pflanzen und Tieren zum größten Teil im Inneren des Zellkerns befindet. Die DNA ist chemisch relativ stabil, sie weist eine einfache chemische Beschaffenheit auf. Sie kann aus den Zellen isoliert, in ihrer genauen Zusammensetzung analysiert (sequenziert), mit Enzymen aufgespalten und im Labor synthetisiert werden.

DNA kann über Artgrenzen hinweg in andere Organismen übertragen werden. Meist unterscheiden sich die übertragenen DNA-Abschnitte von ihren natürlichen Vorlagen, sie werden für die jeweilige Verwendung oftmals verändert. Die DNA kann auch als künstliches Erbgut ohne natürliche Vorlage im Labor synthetisiert werden.

Die DNA an sich ist noch kein biologisch wirksames Gen – die eigentliche Genfunktion entsteht erst in Wechselwirkung mit anderen Bestandteilen der Zelle. Die Ergebnisse der Übertragung der DNA können deswegen nur bedingt vorausgesagt werden.

Gentechnik ist eine Methode, die in unterschiedlichen Zusammenhängen zur Anwendung kommt: in der Grundlagenforschung, bei der Herstellung von Arzneimitteln, Enzymen, Lebensmittelzusatzstoffen oder bei der Herstellung von Saatgut, um nur einige Gebiete zu nennen. Zum Teil werden diese Anwendungen unterteilt in Rote Gentechnik (Anwendungen im Medizin- und Pharmabereich), Graue Gentechnik (Einsatz gentechnisch veränderter Mikroorganismen) und Grüne Gentechnik (Nutzung gentechnisch veränderter Pflanzen in der Landwirtschaft). In diesem Buch wird auf diese Begrifflichkeiten, die sich international kaum etabliert haben und neuere Anwendungen nicht umfassen, verzichtet.

Nicht alle Gebiete, bei denen Gentechnik zum Einsatz kommt, sind aus der Sicht der Umwelt relevant. Man unterscheidet Anwendungen in geschlossenen Systemen (contained use) von Anwendungen in der offenen Umwelt, die mit Freisetzungen verbunden sind. Im vorliegenden Buch werden vor allem Anwendungen berücksichtigt, bei denen Freisetzungen gentechnisch veränderter Organismen vorgesehen oder nach derzeitigem Stand des Wissens unvermeidbar sind. Dabei werden nicht nur die Risiken für Mensch und Umwelt dargestellt, sondern auch ethische und sozioökonomische Fragen angesprochen.

2 Ein kurzer Überblick

Im Jahr 1953 wurde der Aufbau der DNA entschlüsselt, 1973 das erste gentechnisch veränderte Säugetier kreiert, 1983 folgte die erste gentechnisch veränderte Pflanze. In den letzten Jahren sind neue Methoden hinzugekommen, die umfangreiche und radikale Manipulationen des Erbguts erlauben. Nachfolgend wird ein Überblick über die Entwicklung gegeben.

Gentechnik in der Landwirtschaft

Die gentechnisch veränderten Pflanzen, die heute auf dem Markt sind, wurden in ihrem Grundprinzip bereits in den 1980er-Jahren entwickelt. Weltweit werden gentechnisch veränderte Pflanzen laut der Zeitschrift *Nature* auf etwa 170 Millionen Hektar angebaut.[1] Dabei kommt Saatgut zum Einsatz, das überwiegend von Konzernen der Agrochemiebranche angeboten wird: Monsanto, DuPont, Syngenta, Bayer und Dow Chemical heißen die Großen des internationalen Handels mit Gentechnik-Saatgut. Das Geschäft konzentriert sich im Wesentlichen auf fünf Länder: In den USA, Brasilien, Argentinien, Kanada und Indien werden transgene Pflanzen auf über 150 Millionen Hektar angebaut. Milliardenschwere Konzerne wie Monsanto oder DuPont liefern patentierte Gene, kaufen Saatgutfirmen auf und beanspruchen mittels Patenten die gesamte Wertschöpfung bis hin zum Verbraucher. Ein krasses Beispiel dafür ist die Patentanmeldung WO2009097403 der Firma Monsanto, in der versucht wurde, vom Futter (gentechnisch veränderte Soja) über das Schwein bis hin zum Schnitzel die gesamte Produktkette als »Erfindung« zu beanspruchen. Dieser Patentantrag wurde nach öffentlichen Protesten zurückgezogen. In Europa wurden bis zum Jahr 2014 bereits über 2.000 Patente auf Gentechnikpflanzen erteilt.

---

1 http://www.nature.com/news/gm-crops-a-story-in-numbers-1.12893

In Nordamerika werden unter anderem gentechnisch veränderter (gv) Raps, Baumwolle, Mais und Soja angebaut. In Argentinien und Brasilien spielt insbesondere der Anbau transgener Soja für den Export eine große Rolle, während in Asien (Indien, China) vor allem Gentechnik-Baumwolle Marktbedeutung erlangt hat. Dabei herrschen einige wenige Merkmale vor: Im Wesentlichen handelt es sich um Pflanzen, die gegen Spritzmittel resistent (bzw. tolerant) gemacht wurden oder Insektengifte produzieren. In die EU dürfen verschiedene gv-Pflanzen importiert und in Lebens- und Futtermitteln verwendet werden. Relevant ist vor allem der Import von Gentechnik-Soja zur Verwendung in Futtermitteln, da Fleisch, Milch und Eier von Tieren, die damit gefüttert wurden, nicht als »gentechnisch verändert« gekennzeichnet werden müssen. Nur in wenigen Ländern der EU, vor allem in Spanien, wird gentechnisch veränderter Mais angebaut, der ein Insektengift produziert.

Der Anbau dieser gentechnisch veränderten Pflanzen kann für Mensch und Umwelt aus unterschiedlichen Gründen problematisch sein: Manche Pflanzen können sich über den Acker hinaus unkontrolliert in der Umwelt verbreiten. Aufgrund des veränderten Stoffwechsels der Pflanzen kann es zu unerwarteten und unerwünschten Wechselwirkungen mit der Umwelt kommen. Bei manchen Folgen spielt die Gentechnik nur eine mittelbare Rolle: So wird am Anbau gentechnisch veränderter Soja vor allem der steigende Verbrauch von Spritzmitteln kritisiert. Auch die Kontamination der Nahrungskette mit gentechnisch verändertem Material ist ein Problem. Sie kann sowohl auf dem Acker, bei der Erzeugung von Saatgut als auch im Verlauf der Lebensmittelverarbeitung zustande kommen. Die Risiken für die Verbraucher liegen unter anderem in gewollten oder ungewollten veränderten Zusammensetzungen der Pflanzen, der Auslösung von Immunkrankheiten oder der Schädigung durch chronische Belastung mit Rückständen bestimmter Spritzmittel, gegen die diese Pflanzen resistent gemacht wurden.

Vorteile bieten diese Pflanzen unter Umständen für Landwirte, die bei der Bekämpfung von Unkräutern Zeit sparen wollen. Treten bestimmte Insekten als Schädlinge auf, kann auch die Ernte bei Gentechnik-Pflanzen höher ausfallen, die Insektengifte produzieren. Allerdings führen die derzeit zur Vermarktung zugelassenen gentechnischen Pflanzen nicht per se zu höheren Erträgen. Und mit der zunehmenden Anpassung von Unkräutern und Insektenschädlingen an den Anbau der Gentechnik-Pflanzen steigt die Giftbelastung für die Umwelt ebenso wie die Arbeitsbelastung für die Landwirte (Benbrook, 2012; Then, 2013).

Gentechnisch veränderte Pflanzen, die für die Verbraucher einen Nutzen haben könnten, haben bislang keine Bedeutung erlangt. Auch von wichtigen Nutzpflanzenarten wie Reis, Roggen und Weizen oder Gemüse und Obst werden auf den internationalen Märkten bislang keine gentechnisch veränderten Varianten gehandelt. Sie spielen zum Teil aber regional eine Rolle: So werden beispielsweise auf Hawaii gentechnisch veränderte Papayas mit einer Resistenz gegen eine Viruskrankheit angebaut.

In die EU werden transgene Soja, Mais, Baumwolle, Raps und Zuckerrüben importiert. Dabei ist vor allem der Import von Soja als Eiweißfuttermittel wirtschaftlich bedeutend. Eine Sonderrolle nimmt die Baumwolle ein: Der Import von gentechnisch veränderter Baumwolle für die Herstellung von Textilien und Bekleidung unterliegt keiner Regulierung. Lediglich Baumwollöl und der bei der Ölpressung anfallende Baumwollkuchen, die auch als Futtermittel eingesetzt werden können, benötigen eine Zulassung.

Noch nicht im Handel sind gentechnisch veränderte Nutztiere. Allerdings könnte transgener Lachs, der mit zusätzlichen Wachstumshormonen manipuliert wurde, in naher Zukunft auf den US-Markt gelangen.

Dagegen werden gentechnisch veränderte Mücken bereits kommerziell freigesetzt. Sie sollen Nachwuchs erzeugen, der nicht lebensfähig ist. Man hofft, auf diese Weise Mückenpopulationen reduzieren zu können, die Krankheiten wie das Dengue-Fieber oder Malaria übertragen. In der Landwirtschaft, zum Beispiel im Olivenanbau, ist der Einsatz gentechnisch veränderter Fliegen zur Schädlingsbekämpfung geplant.

Synthetische Biologie und Synthetische Gentechnik

Die Synthetische Biologie geht über die Gentechnik hinaus. Sie folgt der Idee, dass man Lebensformen nicht nur genetisch verändern, sondern im extremen Fall sogar vollständig neu konstruieren kann.

Entscheidend für die Synthetische Biologie ist die Möglichkeit, DNA in großem Umfang künstlich zu synthetisieren. Dabei ist die Synthetische Biologie eng mit der Computertechnologie verknüpft. Gene werden digitalisiert, Stoffwechselwege und Genfunktionen modelliert und Schaltpläne für neue Organismen am Reißbrett entworfen. Man kann diese Verfahren auch als Synthetische Gentechnik bezeichnen. Diese Technologie ermöglicht den radikalen Umbau des Erbguts, dabei werden Mikroorganismen, Pflanzen, Säugetiere und Insekten mit gleichermaßen synthetischen Genen manipuliert. Nicht immer können die Anwendungen der Synthetischen Biologie oder der Synthetischen Gentechnik von denen der bisherigen Gentechnologie eindeutig unterschieden werden. Zum Teil gehen die Anwendungen sogar Hand in Hand: So werden in den USA Mais und Baumwolle angebaut, die verschiedene Insektengifte produzieren, die ursprünglich in Bakterien vorkommen. Einige dieser Insektengifte werden durch synthetische DNA codiert und kommen in der Natur so nicht vor. Aber auch die DNA für die anderen Insektizide wurde in mehreren Details verändert, um in den Pflanzen möglichst wirksam zu sein.

Kommerzielle Anwendungsgebiete der Synthetischen Biologie sind unter anderem die Medizin, die Erzeugung von Treibstoffen (u. a. mithilfe von Algen), die Landwirtschaft und die Herstellung von Biowaffen. Viele der möglichen Anwendungen existieren bislang nur in der Theorie, für andere liegt bereits ein »Proof of concept« vor: So wurde 2010 ein vermehrungsfähiger Organismus präsentiert, dessen Erbgut vollständig im Labor synthetisiert wurde (Gibson et al., 2010). 2014 wurde bekannt, dass Wissenschaftler in den USA das komplette Chromosom einer Hefezelle neu synthetisiert haben und dabei relativ große Abschnitte aus dem Erbgut entfernt haben, die für das unmittelbare Überleben der Zellen nicht notwendig erscheinen (Annaluru et al., 2014).

Zusammen mit neu entwickelten Werkzeugen wie »Genscheren« (Nukleasen), die das Erbgut prinzipiell an jeder beliebigen Stelle auftrennen und zusätzliche synthetische DNA einfügen können, birgt die Synthetische Gentechnik die Möglichkeit, das Erbgut radikal zu verändern. Man spricht davon, dass die Gene in den Zellen »umgeschrieben« werden. Nach Ansicht von George Church, einem der Wegbereiter der Synthetischen Biologie, soll man so beispielsweise die DNA eines Elefanten in die eines Mammuts umwandeln können beziehungsweise das Erbgut des Homo sapiens in das eines Neandertalers (Church & Regis, 2012).

Tabelle 1: **Chronologischer Überblick über einige wichtige Entwicklungen in der Gentechnik.** Quelle: eigene Recherche.

1953	Struktur der DNA entschlüsselt.
1973	Erstes gentechnisch verändertes Bakterium.
1973	Zum ersten Mal werden Säugetiere gentechnisch manipuliert (1974 veröffentlicht).
1975	Asilomar-Konferenz; Wissenschaftler warnen vor Risiken der Gentechnik und fordern ein Moratorium.
1980	Patent auf einen Mikroorganismus in den USA vor Gericht bestätigt (Bakterien zum Abbau von Ölverschmutzungen, »Chakrabarty«-Fall). Erste erfolgreiche Übertragung von Genen in Zellen von Pflanzen mithilfe von Agrobakterium tumefaciens.
1983	Wissenschaftlern aus den USA und Europa gelingt die Herstellung gentechnisch veränderter Pflanzen.
1985	In USA erste Freisetzung von gentechnisch veränderten Bakterien (Ice-minus-Bakterien).
1985	Erste transgene Schafe und Schweine.
1986	Freisetzung von gentechnisch verändertem Tabak in Frankreich und den USA.
1987	Die Enquete-Kommission des Deutschen Bundestages spricht sich für ein fünfjähriges Moratorium für Freisetzungen aus.
1988	Erstes Patent auf ein Säugetier in den USA (»Krebsmaus«).

1989	Erstes Patent auf gentechnisch veränderte Pflanzen in Europa.
1990	Erstes Gentechnikgesetz in Deutschland.
1991	Erste Freisetzung von gentechnisch verändertem Mais (Frankreich). Erste Freisetzung von gentechnisch veränderten Pflanzen (Petunien) in Deutschland, die Pflanzen blühen in anderen Farben als erwartet.
1992	Erstes Patent auf Säugetiere in Europa (»Krebsmaus«).
1993	20.000 Einwendungen gegen Freisetzungen gentechnisch veränderter Pflanzen. Die Anhörungen, die laut deutschem Gentechnikgesetz vor Freisetzungen vorgesehen sind, werden abgeschafft.
1994	Die Anti-Matsch-Tomate kommt in den USA auf den Markt, findet aber keine Akzeptanz.
1996	Erste Schiffsladung mit gentechnisch veränderter Soja kommt nach Europa. Greenpeace startet in Europa eine Kampagne gegen Gentechnik in der Landwirtschaft. Monsanto erhält in Europa ein Patent auf gentechnisch veränderte Soja.
1997	Die EU schreibt erstmals die Kennzeichnung gentechnisch veränderter Pflanzen vor. Klonschaf »Dolly« wird der Öffentlichkeit präsentiert.
1998	In der EU tritt ein Moratorium für weitere Zulassungen gentechnisch veränderter Pflanzen in Kraft. Zuvor war unter anderem bereits die Zulassung für den Anbau von gentechnisch verändertem Mais MON810 erteilt worden. EU-Patentrichtlinie erlaubt Patente auf Pflanzen und Tiere (Richtlinie 98/44 EC).
1999	Der Lebensmittelhandel in Europa spricht sich gegen »Gen-Food« aus.
2000	Erstes pflanzliches Genom vollständig entziffert *(Arabidopsis thaliana)*.
2001	EU erlässt eine Richtlinie zur Freisetzung gentechnisch veränderter Organismen (Richtlinie 2001/18).
2002	Die EU erlässt die Verordnung 178/2002, die die Grundlage für die Arbeit der Europäischen Lebensmittelbehörde EFSA bildet.
2003	Die EU erlässt neue Vorschriften zur Risikobewertung und Kennzeichnung von Lebens- und Futtermitteln aus gentechnisch veränderten Pflanzen (Verordnung 1829/2003).

2004	Die EFSA gibt sich Richtlinien für die Prüfung gentechnisch veränderter Pflanzen und veröffentlicht erste Prüfberichte.
2004	Erster internationaler Kongress zum Thema Synthetische Biologie in den USA.
2009	Der Anbau von MON810 wird in Deutschland verboten.
2010	US-Wissenschaftler präsentieren einen vermehrungsfähigen Mikroorganismus, dessen Erbgut komplett synthetisiert und aus einem anderen Mikroorganismus übertragen wurde.
2012	Die EFSA veröffentlicht erstmals eine Richtlinie für die Prüfung der Risiken einer Freisetzung gentechnisch veränderter Tiere.
2013	In der EU wird ein erster Antrag auf Freisetzung von gentechnisch veränderten Insekten (Olivenfliegen) gestellt. In der EU sind 49 gentechnisch veränderte Pflanzen für den Import und die Gewinnung von Lebensmitteln zugelassen. Weltweit werden etwa 170 Millionen Hektar mit gentechnisch veränderten Pflanzen bebaut.
2014	US-Wissenschaftler präsentieren Hefezellen mit synthetischen Chromosomen.

3 Der Streit um die Gentechnik

Die Diskussion um die Gentechnik polarisiert die Öffentlichkeit. Hier eine Übersicht über einige Brennpunkte, auf die im Folgenden eingegangen wird:

- unser Umgang mit der Natur;
- die Berücksichtigung von Nichtwissen und dem Vorsorgeprinzip;
- Gentechnik und Welternährung;
- die Wahlfreiheit der Verbraucher;
- die Unabhängigkeit von Behörden und Wissenschaftlern;
- die Patentierung von Lebewesen und genetischen Ressourcen.

Unser Umgang mit der Natur

Der Einsatz der Gentechnik verleiht uns eine große Verfügungsmacht über die Grundlagen des Lebens. Dabei werden oft nur die Grenzen des technisch Machbaren ausgelotet, ohne die Frage nach den ethischen Grenzen zu stellen. Aktuelle Probleme werden hier durch einige Beispiele anschaulich gemacht:

Die biologischen Grundlagen des Lebens – in Zukunft vielleicht auch die genetischen Grundlagen unseres Körpers – werden zunehmend durch technische Eingriffe verändert. Inzwischen können nicht nur einzelne DNA-Komponenten ausgetauscht werden, sondern es gibt die technische Möglichkeit, das Erbgut radikal zu verändern. Eingriffe in die genetische Integrität und Identität können beispielsweise bei Säugetieren auch dann ethisch bedenklich sein, wenn sich Schmerzen und Leiden nicht nachweisen lassen. Beispielsweise will die US-Firma Intrexon Säugetiere bis hin zu Schimpansen mithilfe von Insekten-DNA manipulieren, um über neue Genabschnitte in die Zellregulation der Tiere eingreifen zu können. Das Ganze wurde sogar als »Erfindung« patentiert. Dürfen wir in die Integrität des Erbguts von Säugetieren bis hin zu Menschenaffen verletzen und deren Genregulierung manipulieren, um sie so für wirtschaftliche Interessen zuzurichten?

Immer mehr Gentechnik-Pflanzen breiten sich bereits unkontrolliert über den Acker hinaus in der Umwelt aus. Dazu gehören Gentechnik-Baumwolle, die sich in den Populationen wilder Baumwolle in Mexiko ausbreitet, Gentechnik-Gräser, die in den USA von Versuchsflächen entkommen sind, und Gentechnik-Raps. Dieser wird nicht nur in den USA und Kanada angebaut und ist dort längst vom Acker in die Umwelt entkommen, sondern ist auch über Transporte in anderen Regionen der Welt wie der Schweiz in die Natur gelangt. Niemand kann vorhersagen, welche Folgen dies langfristig auf Mensch und Umwelt haben wird. Dürfen wir allen nachfolgenden Generationen die von uns verursachten Risiken aufbürden?

Ein anderes Beispiel, das unsere Verantwortung gegenüber der belebten Natur infrage stellt, sind von der Firma Oxitec geplante Freisetzungen gentechnisch veränderter Fliegen. Die gentechnisch veränderten Olivenfliegen sollen unter anderem in Spanien zum Einsatz kommen, um wirtschaftliche Schäden zu bekämpfen, die durch die Larven der natürlichen Fliegen im Olivenanbau verursacht werden. Die männlichen Gentechnik-Fliegen sollen sich mit den natürlichen Olivenfliegen paaren, um künstliche, tödliche Gene in die Populationen einzuschleusen. Die Fliegen von Oxitec sind so manipuliert, dass die weiblichen Nachkommen zugrunde gehen. Die männlichen Tiere, die aus den Paarungen entstehen, sind aber in ihrer Überlebensfähigkeit nicht eingeschränkt. So können die männlichen Gentechnik-Fliegen ihr Erbgut mit den »Todesgenen« (Lethal-Genen) immer weiter in den natürlichen Populationen verbreiten. Olivenfliegen gelten als invasiv, das heißt, sie breiten sich rasch in geeigneten Lebensräumen aus und fliegen mehrere Kilometer weit. In gemäßigten Klimazonen können sie überwintern. Man muss davon ausgehen, dass sich die gentechnisch manipulierten Insekten nach einer Freisetzung nach und nach überall da im Mittelmeerraum ausbreiten können, wo die Olivenfliege natürlicherweise vorkommt. So lange es nicht zu einem Zusammenbruch der gesamten Population von Olivenfliegen kommt, können auch die Gentechnik-Fliegen überleben. Es gibt hier mindestens zwei bedenkliche Langzeitszenarien:

- Die gentechnisch veränderten Olivenfliegen werden unbegrenzt lange in der Umwelt vorkommen, da die männlichen Tiere in ihrer Lebensdauer und Fortpflanzungsfähigkeit nicht eingeschränkt sind. Ihre Larven, die mit Genen für fluoreszierende Eiweißstoffe manipuliert sind, werden sich in vielen Regionen in den Oliven finden, wodurch diese unverkäuflich werden können. Irgendwann werden die Fliegen dann wahrscheinlich weiter mutieren - mit nicht vorhersagbarem Ergebnis.
- Die Olivenfliegen werden irgendwann mehr oder weniger ausgerottet, weil es keine fortpflanzungsfähigen Weibchen mehr gibt. Welche Folge es für die Umwelt hätte, diese Art tatsächlich auszurotten, ist ebenfalls nicht prognostizierbar.

Diese Gentechnik-Fliegen von Oxitec werfen aber auch neue ethische Fragen auf: Dürfen wir Organismen mit genetischen Anlagen freisetzen, die dazu führen können, dass eine ganze Art ausgerottet wird?

Und noch ein anderes Beispiel: Wäre es wirklich ethisch vertretbar, das Erbgut von Elefanten in das von Mammuts umzuschreiben, falls wir das technisch könnten? Dies wird, wie bereits erwähnt, von manchen Gentechnologen wie dem bekannten US-Wissenschaftler George Church ernsthaft vorgeschlagen (Church & Regis, 2012). Bis heute gibt es beispielsweise keine Regelungen oder gar Verbote zum Schutz der genetischen Identität und Integrität von Säugetieren. Es gibt noch nicht einmal eine öffentliche Debatte darüber. Dabei wurde schon 2010 in der Zeitschrift *Der Spiegel* ein Versuch vorgestellt, der zeigt, wie dringlich diese Fragen sind.[2] Der US-Forscher George Church hat sich demnach ein ehrgeiziges Ziel gesetzt:

> » Er will Mäusen die Eigenschaften von Nacktmullen beibringen. Eines nach dem anderen tauscht er dazu die Gene der einen Spezies durch die der anderen aus - ein weltweit bisher einzigartiges Experiment. Wozu das Ganze gut sein soll? Ganz einfach, erklärt der Forscher: Eine Maus sterbe meist schon nach zwei, drei Jah-

2 Der Spiegel, 1/2010.

ren. Ein Nacktmull dagegen lebe gut und gerne zehnmal so lange. Sei es da nicht spannend zu ergründen, worin der Unterschied liege?«

Diese Beispiele zeigen: Mit den zunehmenden Möglichkeiten zu invasiven Eingriffen ins Erbgut stellen sich auch immer neue ethische Fragen. Diese Grenzen sind in vielen Fällen nicht fixiert, sondern müssen immer wieder neu ausgehandelt werden. Überlässt man diese Fragen den Technologen und der Industrie, wird in vielen Fällen auch alles getan werden, was technisch machbar ist.

Die Berücksichtigung von Nichtwissen und das Vorsorgeprinzip

Der Mensch hat bei der Nutzung der biologischen Vielfalt im Rahmen der Züchtung bisher zumeist auf Mechanismen vertrauen können, die sich im Laufe der Evolution entwickelt und erprobt haben. Auch bei Verfahren wie der Mutationszüchtung werden diese Grenzen nicht überschritten.

Mit der Einführung von gentechnisch veränderten Tieren und Pflanzen sowie Organismen mit synthetischem Erbgut gehen die bisherigen Selbstverständlichkeiten im Umgang mit der belebten Natur verloren. Es ergeben sich dadurch Fragen von neuer Qualität, die die Grenzen des Wissens und den Umfang unseres Nichtwissens in einem neuen Licht zeigen.

Wie zum Beispiel soll man die Risiken einer Freisetzung von künstlichen Organismen bewerten, wenn diese räumlich und zeitlich nicht kontrolliert und nicht begrenzt werden kann?

Oft hat man es mit Risiken zu tun, die zunächst gering erscheinen. So kann man sich zum Beispiel mit der Frage befassen, ob die zusätzlich eingebauten Gene weiter mutieren und so Organismen mit ganz anderen Eigenschaften entstehen können, als dies ursprünglich beabsichtigt war. Über kurze Zeiträume kann man dieses Risiko ganz gut abschätzen. Man kann beispielsweise die genetische Stabilität gentechnisch veränderter Pflanzen über mehrere Generationen hinweg prüfen, bevor diese zur Vermarktung zugelassen werden. Beobachtet man dabei keine Instabilität, wird man annehmen, dass die Pflanze auch auf dem Acker wahrscheinlich die Eigenschaften aufweist, die ihr vom Hersteller zugedacht wurden. Was aber, wenn den Pflanzen der Sprung vom Acker gelingt und sie sich unkontrolliert in der Umwelt ausbreiten und dabei auch Kreuzungen mit anderen Pflanzen entstehen? Dann müsste man eine Risikoabschätzung für fast unendlich lange Zeiträume vornehmen. Unerwartete Veränderungen im Genom müssten dann genauso wie Veränderungen der Umwelt einbezogen werden. Eine vernünftige Aussage darüber, wie groß das Risiko letztlich ist, scheint unter diesen Bedingungen nicht möglich. Zieht man beispielsweise die Auswirkungen des Klimawandels in Betracht, können extreme Wetterbedingungen dazu führen, dass die Genregulation in den gentechnisch veränderten Pflanzen außer Kontrolle gerät. Oder die veränderten Umweltbedingungen führen zu Wechselwirkungen zwischen den Gentechnik-Pflanzen und der Umwelt, die man ursprünglich nicht erwarten konnte. Ähnliche Fragen stellen sich beispielsweise auch in Zusammenhang mit den Fliegen der Firma Oxitec.

Die Mechanismen der Evolution machen das Ausmaß unseres Nichtwissens anschaulich: Auch wenn wir rückwirkend ein immer besseres Verständnis dafür entwickeln, wie heutige Lebensformen entstanden sind, entzieht sich doch die weitere Entwicklung des Lebens einer verlässlichen Vorhersagbarkeit. Dabei handelt es sich nicht um eine Art »Nichtwissen«, das sich auf absehbare Zeit durch verbesserte Computer oder in Expertengremien auflösen lassen wird. Wissenschaftstheoretiker sprechen von verschiedenen Kategorien des Nichtwissens (Cultures of Non-Knowledge), wobei zwischen dem Nichtwissen unterschieden wird, das man durch weitere Forschung wesentlich verringern kann, und demjenigen, das wir zumindest nach derzeitigem Kenntnisstand nicht auflösen können. Je nach wissenschaftlicher Perspektive widersprechen sich die Einschätzungen: Während die Technologen in einer Tradition der Kontrollierbarkeit stehen und erwarten, dass man Lebewesen planvoll konstruieren beziehungsweise manipulieren kann, gehen zum Beispiel die Ökologen eher davon aus, dass man jederzeit »das Unerwartete erwarten« müsse (Boeschen et al., 2006). Tabelle 2, die auf Boeschen et al. (2006) zurückgeht, gibt einen Überblick über verschiedene Arten des »Nichtwissens«. Die Probleme im Umgang mit der Gentechnik lägen demnach darin begründet, dass viele wichtige Fragen nicht gestellt werden können, weil wir gar nicht wissen, was wir fragen müssten (Dimension 1: non-knowledge completely unrecognised) oder weil zentrale Fragen mit dem derzeitigen Instrumentarium der Wissenschaft nicht beantwortet werden können (Dimension 3). Sie könnten aber auch gewollt sein: Weil man bestimmte Produkte gewinnbringend vermarkten will, tut man einfach so, als gäbe es keine Risiken (Dimension 2).

Tabelle 2: Dimensionen des Nichtwissens. Quelle: nach Boeschen et al., 2006.

Erste Dimension	*Wahrnehmung des Nichtwissens* vollständig bewusst ⟺ unbemerkt
Zweite Dimension	*Intention des Nichtwissens* unbeabsichtigt ⟺ gewollt
Dritte Dimension	*Vergänglichkeit des Nichtwissens* noch nicht bekannt ⟺ kann nicht verstanden werden

Es ist nicht absehbar, dass sich die Risiken angesichts der komplexen Natur der Lebensvorgänge mit ausreichender Sicherheit langfristig abschätzen lassen. Die Fragen nach den Grenzen des Wissens werden oft aus wirtschaftlichen Interessen verdrängt. Stattdessen wird gerne der Eindruck erweckt, dass wir die völlige technische Kontrolle über Lebensprozesse erlangt hätten. Die Grenzen unseres Wissens anzuerkennen, ist wichtig, wenn man sich für einen verantwortungsvollen Umgang mit der Gen- und Biotechnologie einsetzt. Wo das gesicherte Wissen aufhört, müssen Vorsorge und Prävention einen hohen Stellenwert bekommen.

Welternährung

Strittig ist auch der mögliche Beitrag der Gentechnik zur Welternährung. Am deutlichsten wird das beim sogenannten »Golden Rice«, der zur Versorgung mit Vitamin A in den Entwicklungsländern beitragen soll. Befürworter dieses Projektes gehen soweit, den Kritikern der Gentechnik einen »Holocaust« an Millionen Menschen vorzuwerfen (Chassy, 2010), weil sie die Einführung des Gentechnik-Reises erschweren würden. Dabei fehlen den Befürwortern ganz offensichtlich entscheidende Daten, die die Sicherheit und die technische Qualität des Reises betreffen: So gab es beispielsweise bis Ende 2013, mehr als zehn Jahre nach der ersten Herstellung des Golden Rice, noch keine Daten darüber, wie viel von den Vitaminen im Reis noch vorhanden sind, wenn dieser über vier Wochen oder vier Monate gelagert wird. Zudem wurden bis dahin auch keine Fütterungsversuche mit den Pflanzen zur Überprüfung gesundheitlicher Risiken veröffentlicht. Stattdessen wurden schon 2009 Versuche mit chinesischen Schulkindern durchgeführt. Als deren Ergebnisse 2012 veröffentlicht wurden (Tang et al., 2012), schlug dies in China hohe Wellen. Es stellte sich heraus, dass die Eltern und Schulkinder nicht ausreichend unterrichtet worden waren. In der chinesischen Presse wurden Eltern zitiert, man habe ihnen lediglich kostenloses Schulessen versprochen, das Reis, Spinat und Tofu enthalten sollte. Die drei verantwortlichen Wissenschaftler in China wurden schließlich entlassen, jede der beteiligten Familien erhielt etwa 13.000 US-Dollar Schadensersatz von den lokalen Behörden.

Es zeigt sich hier, dass eine angeblich aus humanitären Gründen geführte Kampagne zur Einführung des Gentechnik-Reises zu ethisch inakzeptablem Verhalten führt: Weder ist es zu verantworten, dass dieser Reis ohne ausreichende Sicherheitsprüfungen und entsprechende Informationen an Schulkinder verabreicht wurde, noch kann irgendwie der Vergleich mit dem Holocaust gerechtfertigt werden.

Die Darstellung des Golden Rice als Lösung der Probleme kann außerdem dazu führen, dass andere, unbedenklichere und nachhaltige Methoden zur Verbesserung der Vitaminversorgung, wie der Anbau von Gemüse in Heimgärten, in den Hintergrund gedrängt werden. Notwendige Weiterentwicklungen von bereits erfolgreichen Methoden könnten unterbleiben. Durch die übertriebenen Erwartungen an den Golden Rice, die von den Befürwortern geschürt werden, kann es sogar zu einer deutlichen Verschlechterung der Situation kommen.

Insgesamt gibt es trotz vollmundiger Versprechungen bisher kaum Beispiele für Anwendungen der Gentechnik, die geeignet sein könnten, zum Beispiel mehr Ertrag zu bringen oder eine bessere Anpassung der Pflanzen an den Klimawandel zu erreichen. In der Regel bietet die konventionelle

Züchtung, die nicht mit einzelnen Genen, sondern mit dem ganzen System der Zelle arbeitet, hier deutlich mehr Optionen. Das sehen auch Konzerne so, die seit Jahren massiv in die Gentechnik investiert haben. So heißt es beispielsweise in einer Patentanmeldung von Syngenta (WO2008/087208), in der es um konventionell gezüchteten Mais geht:

» Die meisten der phänotypischen[3] Eigenschaften, die interessant sind, werden durch mehr als einen Genort kontrolliert, von denen typischerweise jeder die jeweilige Eigenschaft in unterschiedlichem Ausmaß beeinflusst (...). Generell wird der Ausdruck »quantitative trait« dazu verwendet, um Eigenschaften von Pflanzen zu beschreiben, die durch kontinuierliche Variabilität in der Genexpression zustande kommen und das Resultat einer Vielfalt von Genorten sind, die vermutlich miteinander und mit der Umwelt in Wechselwirkung stehen. «

Und schon 2004 wurde der Forschungschef von Syngenta in der Zeitung *Die Welt* zitiert[4]:

» Für sein Unternehmen habe sich aber erwiesen, dass klassische Methoden ohnehin häufig effektiver seien als die Biotechnologie, sagte Lawrence. ›Wir haben bei Saatgut und Pflanzenschutz schon viel mit der Gentechnik experimentiert und sind oft gescheitert.‹ Im Gegensatz dazu gebe es oft hervorragende Ergebnisse mit dem traditionellen Züchtungsansatz. Bestes Beispiel: die handliche Wassermelone ›Pure Heart‹. ›Die Syngenta-Züchtung im Picknickformat passt nicht nur besser in den Singlehaushalt als das herkömmliche Großfamilienmonstrum, sondern hat auch eine dünnere Schale, ist kernlos und schmeckt am Rand genauso süß wie in der Mitte.‹ ... «

3 Merkmale der Pflanzen.
4 29.11.2004.

Wahlfreiheit der Verbraucher

Mit dem Inverkehrbringen gentechnisch veränderter Pflanzen wurde mit einem ungeschriebenen Gesetz der Lebensmittelherstellung gebrochen: Statt des Einsatzes traditioneller und erprobter, möglichst sicherer Verfahren zur Lebensmittelherstellung wurde der Acker zum Versuchslabor und die Verbraucher zu Testpersonen.

Großflächiger Anbau gentechnisch veränderter Pflanzen führt in vielen Fällen dazu, dass »gentechnikfreie« Landwirtschaft nicht mehr möglich ist. So kommt es zu einem schwer lösbaren Interessenkonflikt: Auf der einen Seite pochen Verbraucher und Lebensmittelhersteller auf das Recht der Wahlfreiheit und auf die Möglichkeit, traditionell oder ökologisch hergestellte Produkte zu handeln und zu konsumieren. Auf der anderen Seite beharren Firmen – und zum Teil auch Landwirte – auf dem Anbau der Pflanzen aus eigenen, ökonomischen Interessen. Eine Forderung wäre hier, das Verursacherprinzip vorzuschreiben. Bisher müssen die gentechnikfreien Produzenten die Kosten für die Überprüfung und Trennung der Ware alleine tragen – die eigentlichen Verursacher sind dagegen weitgehend frei von Haftung gestellt.

Da die Sicherung gentechnikfreier Produktion insbesondere im Bereich der Futtermittel inzwischen mit erheblichem Aufwand verbunden sein kann, haben beispielsweise 2014 verschiedene Geflügelmäster wie Wiesenhof angekündigt, in Zukunft Gentechnik-Soja als Futtermittel zuzulassen. Dagegen setzen laut einer Umfrage von Greenpeace 2014[5] Handelsunternehmen wie tegut und Rewe darauf, bei ihren Eigenmarken keine Gentechnik in Futtermitteln zu verwenden. Auch viele Milcherzeuger und Eierproduzenten setzen hier auf Futtermittel ohne Gentechnik-Pflanzen und nutzen teilweise das Siegel »Ohne Gentechnik«, das vom Verband Lebensmittel ohne Gentechnik vergeben wird.[6] Es gibt aber keine verpflichtende Kennzeichnung von Fleisch, Milch und Eiern, die von Tieren stammen, die mit Gentechnik gefüttert werden. So bleibt es den Verbrau-

5 www.greenpeace.de/sites/www.greenpeace.de/files/publications/ergebnisse_der_greenpeace-abfrage.pdf
6 http://www.ohnegentechnik.org/

chern überlassen, sich selbst schlau zu machen, wenn sie entsprechende Produkte vermeiden wollen – oder eben Produkte aus dem ökologischen Landbau zu kaufen.

Die Verbraucher in den USA werden nur selten auf der Verpackung über die Verwendung gentechnisch veränderter Pflanzen in Lebensmitteln informiert. Um eine entsprechende Kennzeichnung zu verhindern, wurden 2012 von der Industrie (Unternehmen wie Cargill, PepsiCo, Coca-Cola, Nestlé, Monsanto, Syngenta, Dow Chemical, BASF und Bayer) in Kalifornien fast 50 Millionen US-Dollar in Kampagnen investiert, um einen Volksentscheid über eine entsprechende Kennzeichnung scheitern zu lassen.[7] Die Verbraucher in den USA müssen daher meist auf ökologisch angebaute oder spezielle lokale Produkte ausweichen, wenn sie Gentechnik vermeiden wollen.

Dies hat umgekehrt Auswirkungen auf die landwirtschaftliche Praxis: Die Verbraucher können nur bedingt auf wirtschaftlich nachhaltige Impulse durch ihr Kaufverhalten setzen, um den Fehlentwicklungen in der Landwirtschaft entgegenzusteuern.

Dagegen ist in der EU die Kennzeichnung von Lebensmitteln, in denen Produkte aus gentechnisch veränderten Pflanzen verarbeitet wurden, vorgeschrieben. Diese Kennzeichnungspflicht hat dazu geführt, dass fast alle Lebensmittelhersteller in Europa Maßnahmen ergriffen haben, derartige Produkte zu vermeiden. So hat international eine Teilung der Märkte stattgefunden: Während beispielsweise in den USA Gentechnik-Pflanzen meist nicht gekennzeichnet und nicht getrennt erfasst werden, werden diese in der EU fast nur noch in Futtermitteln eingesetzt.

7 http://www.nytimes.com/2012/11/08/business/california-bid-to-label-genetically-modified-crops.html?_r=0

Unabhängigkeit von Behörden und Wissenschaftlern

Eine wichtige Voraussetzung für die Erforschung und Bewertung der Risiken ist, dass diese unabhängig von den Interessen der Firmen erfolgt, die derartige Produkte entwickeln und ein wirtschaftliches Interesse an ihrer Vermarktung haben. Dies betrifft nicht nur die Gen- und Biotechnologie, sondern auch Bereiche wie die Pestizidzulassungen, die Verwendung von Zusatzstoffen bei der Herstellung von Lebensmitteln, Tierarzneimittel oder neue Technologien wie die Nanotechnik. In der Praxis ist diese Unabhängigkeit aber nicht gewährleistet.

Welche Folgen die fehlende Unabhängigkeit von Experten und Behörden haben kann, zeigt beispielsweise die Geschichte der Tabakindustrie: Bis vor einigen Jahren sahen auch in Deutschland viele anerkannte Wissenschaftler kein Problem darin, Forschungsaufträge von der Industrie anzunehmen und sich von der Industrie auf Tagungen einladen zu lassen und gleichzeitig als unabhängige Experten aufzutreten. Dies hatte erhebliche Auswirkungen: Die gesundheitlichen Folgen des Rauchens konnten jahrelang erfolgreich verleugnet werden. Geändert hat sich diese Praxis erst, als per Gericht die Freigabe interner Unterlagen erreicht wurde.

Verschiedene Untersuchungen haben in den letzten Jahren immer wieder gezeigt, dass es auch bei der Bio- und Gentechnologie massive Interessenkonflikte in europäischen und deutschen Behörden gibt. Die nötige Unabhängigkeit fehlt häufig. Die bestehenden Verhältnisse erinnern durchaus an die Zustände im Umfeld der Tabakindustrie.

Im Bereich der Biotechnologie spielt das International Life Sciences Institute (ILSI) eine zentrale Rolle bei der Beeinflussung von Politik und Behörden. Der Hauptsitz von ILSI ist in den USA, es wird von Unternehmen der Lebensmittelindustrie, Chemieindustrie, Agrochemie, Biotechnologie und Pharmaindustrie finanziert. Zwischen 1983 und 1998 unterstützte ILSI nach eigenen Angaben beispielsweise »die Tabakindustrie bei ihren Bemühungen, die vielfältigen Versuche zu unterlaufen, die Industrie weitergehenden gesetzlichen Kontrollen zu unterwerfen«[8]. ILSI tritt als scheinbar

8 www.sourcewatch.org/index.php/International_Life_Sciences_Institute#Dealing_with_Tobacco

neutrale Institution auf, deren Experten gleichermaßen die Industrie, die Behörden und die Politik beraten. In Tagungen und in Arbeitsgruppen werden aktuelle Themen, insbesondere aus dem Bereich der Lebensmittelherstellung, bearbeitet. Dass ILSI-Positionen unverkennbar von den Interessen der Industrie geprägt sind, prangerte die Weltgesundheitsorganisation (WHO) schon vor Jahren an.[9]

Experten, die eng mit ILSI kooperieren, sind gleichzeitig nicht nur bei der Europäischen Lebensmittelbehörde EFSA tätig, sondern auch beim Bundesinstitut für Risikoforschung (BfR), bei verschiedenen anderen Bundesforschungsinstituten und der Deutschen Forschungsgemeinschaft (DFG). Beispielsweise leitete Harry Kuiper von 2003 bis 2012 die Expertengruppe für Gentechnik bei der EFSA. Mindestens bis zum Jahr 2005 arbeitete er auch bei ILSI mit. Hier erstellte er gemeinsam mit Mitarbeitern der Konzerne Monsanto, BASF, Bayer, Dow AgroSciences, DuPont und Syngenta Kriterien zur Prüfung gentechnisch veränderter Pflanzen. Diese Kriterien wurden im Wesentlichen von der EFSA übernommen und dienen bis heute als Grundlage der Prüfung.[10]

Auch in Deutschland gibt es bei den Behörden und Einrichtungen wie der Deutschen Forschungsgesellschaft (DFG) zahlreiche und ganz offensichtliche Verbindungen zu ILSI. So sitzt nach einem Bericht aus dem Jahr 2012 der Leiter des staatlichen Max-Rubner-Instituts für Ernährung und Lebensmittel, Gerhard Rechkemmer, bei ILSI im Board of Directors und gehört der Task Force Functional Foods an. In der Senatskommission zur gesundheitlichen Bewertung von Lebensmitteln (SKLM) der Deutschen Forschungsgemeinschaft (DFG) findet sich unter anderem Gerhard Eisenbrand, Präsident bei ILSI Europe und Mitglied im Board of Directors (Then & Bauer-Panskus, 2012).

Insgesamt ergibt sich das Bild einer vielfältigen und systematischen Einflussnahme durch ILSI bei zentralen Behörden und Institutionen, die in Deutschland mit der Risikoabschätzung und der Forschungsförderung im Bereich der Lebensmittelherstellung befasst sind.

9 www.who.int/tobacco/media/en/ILSI.pdf
10 www.testbiotech.org/node/430

Die Interessenkonflikte sind nicht geheim, sondern vielmehr offensichtlich. Warum wird die Politik in Deutschland trotzdem nicht aktiv? Um diese Frage zu beantworten, muss man sich vor Augen führen, dass Konzerne wie Bayer, BASF und früher auch Hoechst zu den Flaggschiffen deutscher Industriegeschichte gehören. In der Debatte um die Einführung der Gentechnik, wie sie in den 1980er- und 1990er-Jahren in Deutschland geführt wurde, spielten diese Konzerne eine führende Rolle. Es ist also kein Zufall, dass schon unter der Regierung von Helmut Kohl gentechnikfreundliche Experten gezielt in entsprechende Positionen bei den Behörden gesetzt wurden, wo sie zum Teil noch heute tätig sind.

Damals wie heute wollte Deutschland seine Stellung als führender Technologiestandort behaupten. Deswegen wurden die Interessen von Technologiekonzernen wie BASF und Bayer teilweise mit den Interessen des Staates gleichgesetzt. Auch heute gehört es zu den Eckpfeilern deutscher und europäischer Forschungspolitik, im Bereich Gentechnik gezielte Technologieförderung zu betreiben, wie etwa unter dem Begriff »Bioökonomie«. Gleichzeitig wurde ebenfalls schon unter der Regierung Kohl an den Universitäten die Drittmittelforschung immer stärker in den Vordergrund gestellt. Heute sind dieser Gelder aus der Industrie ein entscheidender Faktor für die Forschungsbudgets der Universitäten. Aber auch staatliche Einrichtungen forschen im Verbund mit der Industrie.

Der Staat investiert zudem direkt in entsprechende Technologien. In sogenannte Venture Capital Fonds fließen staatliche Mittel in erheblichem Umfang: Etwa 40 Prozent der vier Milliarden Euro Venture-Kapital, das 2011 von Firmen eingeworben wurde, stammen laut der Zeitschrift *Economist*[11] von staatlichen Stellen, was gegenüber vergangenen Jahren eine deutliche Steigerung bedeutet. Der Staat hat damit ein zunehmendes wirtschaftliches Interesse an der Vermarktung entsprechender Produkte. Die Förderung kritischer, unabhängiger Forschung wird zum Geschäftsrisiko. Im Ergebnis können weder die Wissenschaft noch der Staat als ausreichend verlässliche Garanten für Umwelt- und Verbraucherschutz gelten. Die Interessen des Allgemeinwohls werden an der Börse verkauft.

---

11 http://www.economist.com/blogs/schumpeter/2012/04/european-venture-capital

So hat man es über Jahrzehnte versäumt, den Aufbau von industrieunabhängiger Expertise ausreichend zu fördern. Staatliche Stellen und auch Institutionen wie die Deutsche Forschungsgemeinschaft (DFG) sind eher auf die Förderung von Innovation und Wettbewerbsfähigkeit ausgerichtet als auf eine systematische Überprüfung von Risiken. Zudem werden an den Universitäten viele Projekte über Drittmittel gefördert, die auch aus der Industrie kommen.

Wissenschaftler, die sich kritisch zu Wort melden, werden bisweilen regelrecht gemobbt. Kritische Nachwuchswissenschaftler werden unter diesen Bedingungen zu einer vom Aussterben bedrohten Art. Es kommt zu einer Gleichschaltung von Behörden und Wissenschaft, sie werden zu Dienstleistern der Technologiepolitik und industrieller Interessen. Staat und Industrie bilden eine Einheit. Unabhängige Kontrolle und Kritik sind unter diesen Rahmenbedingungen grundsätzlich unerwünscht.

Firmen können die Veröffentlichung von kritischen Forschungsergebnissen sogar komplett verhindern: Erhalten Forscher Zugang zu patentierten Pflanzen und dem für die Untersuchung benötigten Vergleichsmaterial, müssen sie unter Umständen Verträge unterschreiben, nach denen die Veröffentlichung der Ergebnisse von der Firma genehmigt werden muss. 2009 berichtete die *New York Times* darüber, dass sich namhafte Forscher gegenüber der US-Umweltbehörde EPA beschwerten, weil unabhängige Forschung systematisch behindert werde.[12]

Ohne gezielte politische Gegenmaßnahmen zur Förderung der unabhängigen Risikoforschung bleiben Gesellschaft und Umwelt ein Spielball wirtschaftlicher Interessen. Ohne ausreichende Gegenexpertise zu den Daten der Industrie wird die Zivilgesellschaft zunehmend zum Opfer neuer technologischer Entwicklungen, über deren Entwicklung sie die Kontrolle längst verloren hat. So wie einschlägige Seiten von Wikipedia nachweislich manipuliert werden, ist unser Wissen über die Risiken der Gen- und Biotechnologie im Wesentlichen ein Abbild dessen, was uns die Industrie glauben machen will.

12 www.nytimes.com/2009/02/20/business/20crop.html

Patentierung von Lebewesen und genetischen Ressourcen

Die Einführung der Gentechnik hat auch dazu geführt, dass Lebewesen als patentierbar angesehen werden. 1992 wurde in Europa zum ersten Mal ein Säugetier (die sogenannte »Krebsmaus«) patentiert. Schon zuvor gab es erste Patente auf gentechnisch veränderte Pflanzen, auf Mikroorganismen und DNA-Sequenzen von Menschen, Tieren und Pflanzen.

Ethische Vorbehalte, nach denen die belebte Natur und Lebewesen nicht als technische Erfindungen angesehen werden dürften, werden bislang weitgehend ignoriert. Auch Einwände von Wissenschaftlern, Ärzten und Patienten, die sich gegen Patente auf menschliche Gene aussprechen, finden keine Beachtung.

Genauso wurden lange Zeit Warnungen aus der Landwirtschaft und Züchtung, nach denen durch Patente auf Saatgut weitreichende Abhängigkeiten entstehen und die Pflanzenzucht blockiert wird, lange Zeit missachtet. Erst nach und nach haben Politiker und auch einige Regierungen erkannt, dass von dieser Entwicklung eine erhebliche Gefahr für die Zukunft der Landwirte, Züchter und Lebensmittelproduzenten in Europa ausgeht.

Der Umfang der erteilten Patente ist extrem breit und erstreckt sich oft über die gesamte Kette der Nahrungsmittelproduktion. Das Patentrecht wird so dazu missbraucht, die Kontrolle über die genetischen Ressourcen und die Lebensmittelherstellung zu erlangen. Insbesondere der US-Konzern Monsanto, die Nummer eins im internationalen Saatgutmarkt, ist hier zu nennen. Der Konzern hat unter anderem den weltweit größten Gemüsezüchter Seminis aufgekauft und dominiert seit Jahren die Saatgutmärkte bei Baumwolle, Mais und Soja. Auch andere Agrochemiekonzerne haben im Saatgutbereich erhebliche Marktanteile errungen: Drei Konzerne – Monsanto, DuPont und Syngenta – kontrollieren nach Angaben der kanadischen Organisation ETC inzwischen schon etwa 50 Prozent des internationalen Saatgutmarktes und entscheiden damit auch, welche Pflanzen in Zukunft gezüchtet und angebaut werden.

Sollte der gegenwärtige Trend bei den Patenterteilungen anhalten, werden in Zukunft Konzerne wie Monsanto, die nicht nur die Patente halten, sondern auch die wirtschaftliche Macht haben, die Märkte zu dominieren, darüber entscheiden, welches Saatgut auf den Markt kommt und welches nicht, welche Nahrungsmittel produziert werden und welche Preise die Landwirte, die Lebensmittelhersteller und die Verbraucher bezahlen müssen.

Allerdings regt sich zunehmend Widerstand: Das Europäische Parlament, der Deutsche Bundestag und die Deutsche Bundesregierung haben sich ebenso gegen Patente auf konventionelle Züchtung ausgesprochen wie die Regierung in Frankreich. Ein wirksames Verbot wurde aber bis 2014 nicht erreicht.

4 Was ist Gentechnik?

Hier geht es um einen Überblick über die Grundlagen der Gentechnik und die Unterschiede zwischen Gentechnik und Züchtung. Zunächst wird diskutiert, wie sich der Begriff des Gens in den letzten Jahren geändert hat: Offensichtlich ist die Struktur und die Funktionsweise der Gene wesentlich komplexer, als ursprünglich angenommen wurde. Was heißt das für die Gentechnik? Es folgt ein kleiner »Grundkurs« über die Grundlagen der Vererbung und die Methoden der Gentechnik. Die Begriffe, die hier erklärt werden, sind auch für das Verständnis der Risiken gentechnisch veränderter Pflanzen hilfreich. Zum Abschluss des Kapitels geht es um den Unterschied zwischen Züchtung und gentechnischen Verfahren. Diese sind sowohl für die Abklärung gesundheitlicher Risiken als auch für die Beurteilung der Folgen für die Ökosysteme von Bedeutung. Die Unterschiede zwischen Gentechnik und Züchtung werden immer wieder infrage gestellt, unter anderem deswegen, weil Firmen die Zulassungsverfahren beschleunigen wollen. Hier wird erklärt, um welche Unterschiede es geht und welche Bedeutung sie haben.

Was ist ein Gen?[13]

Die Gentechnik hat ein besonderes Problem: Heute ist es schwerer als vor 20 Jahren zu sagen, was ein Gen ist. Weil wir sehr viel mehr darüber wissen, wie die Biologie der Vererbung abläuft, wissen wir auch, dass unsere ursprüngliche, einfache Vorstellung nicht richtig war, in der eine DNA-Sequenz mit einem Gen gleichgesetzt wurde (siehe z. B. Pearson, 2006). Zwar ist die DNA (deutsch: Desoxyribonukleinsäure, englisch: Deoxyribo-

13 Dieser Fragestellung bin ich bereits in meinem Buch »Dolly ist tot« nachgegangen, das 2008 erschien. Manche Aussagen und Annahmen dieses Buches sind überholt, die Kritik am üblichen Gebrauch des Begriffes »Gen« nach wie vor sehr aktuell.

nucleid Acid) wohl der wichtigste Informationsträger der Vererbung. Aber eine DNA-Sequenz ist noch lange kein Gen.

Evelyn Fox Keller untersucht in ihrem Buch »Das Jahrhundert des Gens« (2001) die Wandlung des Genbegriffes auf verschiedenen Ebenen. Sie hält die bisher übliche Gleichsetzung der DNA-Struktur mit der biologischen Funktion eines Gens für nicht mehr vertretbar:

> »[Bisher] war das Vertrauen in die physikalische Existenz des Gens stets von der Annahme begleitet, dass Struktur, materielle Zusammensetzung und Funktion allesamt Eigenschaften ein und desselben Objektes sind – sei es eine Perle an einer Schnur oder ein DNA-Segment. Heute ist genau diese Identität des Objektes zerstört.«

Die Gleichsetzung des Begriffs Gen mit DNA-Abschnitten zeigt sich heute als Produkt bestimmter wissenschaftlicher und wirtschaftlicher Erwartungen. Sie entspricht aber nicht der wirklichen Funktionsweise von Genen in höheren Organismen. Vielmehr bestimmt die Zelle (bzw. das Netzwerk der Genregulation) die biologische Bedeutung des jeweiligen DNA-Abschnittes. Seine Funktion kann ohne seine Umgebung nicht eindeutig definiert werden.

Für das heutige Verständnis dafür, was ein Gen ist, waren unter anderem zwei wissenschaftliche Großprojekte wichtig: das Human Genome Project, das der kompletten Entschlüsselung des menschlichen Erbgutes diente, und das ENCODE-Pilotprojekt, das bestimmte Abschnitte des menschlichen Erbgutes im Detail auf ihre biologischen Funktionen untersuchte und auch mit dem Genom anderer Spezies vergleicht. Dabei zeigte sich insbesondere die Bedeutung jener DNA-Sequenzen, die man bisher für bedeutungslos gehalten hatte, weil sie nicht der Herstellung von Proteinen (Eiweißen) dienen und deswegen sogar als »Genschrott« bezeichnet wurden. Diese »nicht codierenden« DNA-Abschnitte, die weit über 90 Prozent des Erbgutes beim Menschen ausmachen, sind für die Genregulierung entscheidend (siehe z. B. ENCODE, 2012).

Je nach »Bedarf« kann die gleiche DNA auch unterschiedlich abgelesen werden. Entscheidend für die Genaktivität sind insbesondere die Mechanismen der Epigenetik. Die Epigenetik sorgt unter anderem durch biochemische Signale an Chromosomen dafür, dass DNA-Abschnitte aktiviert oder stillgelegt werden (siehe z. B. Jablonka & Raz, 2009). Dank der Epigenetik wird beispielsweise die Aktivität der Gene im Laufe der Embryogenese und der Entstehung des Organismus so gesteuert, dass aus Zellen mit identischen Erbanlagen so unterschiedliche Organe wie Gehirn und Herz entstehen. Bestimmte Abschnitte der DNA können dabei auch wechselnde Funktionen übernehmen. Ähnliches zeigt sich auch bei einem Vergleich des Ergbuts verschiedener Lebensformen: Viele DNA-Abschnitte, die man beim Menschen findet, kommen auch bei Tieren und Pflanzen vor – ihre Funktion kann aber unterschiedlich sein. Zudem sorgt die Epigenetik auch für die Anpassung der Genregulierung an die Umwelt, was insbesondere bei Pflanzen wichtig ist, die ihren Standort auch dann nicht wechseln können, wenn das Klima sich ändert (siehe dazu auch Kapitel 6 und 12).

Noch vor ein paar Jahren schrieb der Bestsellerautor Bill Bryson in seinem Buch »Eine kurze Geschichte von fast allem«:

> » Gene sind nicht mehr (oder weniger) als Anweisungen zur Herstellung von Proteinen. Diese Aufgabe erfüllen sie mit einer gewissen langweiligen Genauigkeit. In einem gewissen Sinn ähneln sie den Tasten eines Klaviers, von denen jede nur einen einzigen Ton hervorbringen kann und sonst nichts – was zweifellos im wahrsten Sinne des Wortes eintönig ist.«

Heute wissen wir sicher, dass diese Vorstellung falsch ist. Gene sollten nicht als einzelne Bausteine mit fest definierten Eigenschaften betrachtet werden, sondern eher als ein Netzwerk komplexer Wechselwirkungen mit verschiedenen Komponenten der Zelle. Dazu sind in jeder Zelle – außerhalb des Zellkerns (im sogenannten Zytoplasma) – schätzungsweise eine Milliarde Proteine (Eiweiße) vorhanden, die dicht gepackt in ihrer dreidimensionalen Struktur viele Informationen speichern, die unter anderem für die Regulierung der DNA entscheidend sind. Für die Aufklärung der komplizierten Wechselwirkung von Zellkern und Zytoplasma erhielt Günter Blobel 1999 den Nobelpreis für Medizin.

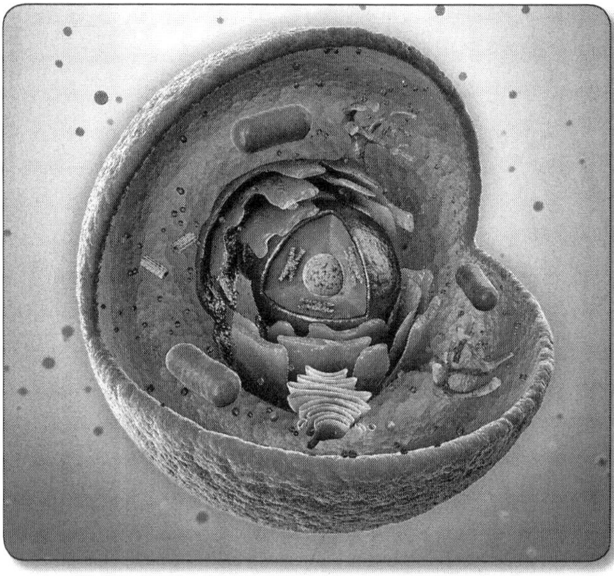

Abbildung 1:
Aufbau der Zelle.
Quelle: Stockphoto.

Proteine und ihre Wechselwirkung mit DNA und RNA sind auch Teil der Genfunktion – ihre genaue Anordnung in den Kompartimenten der Zellen ist aber weit weniger stabil als die DNA. Wird eine Zelle geöffnet, um die einzelnen Kompartimente der Zelle und die Anordnung der Proteine zu studieren, werden gleichzeitig auch wichtige Strukturen in der Zelle zerstört. Das führt dazu, dass unser Wissen über Vererbung und die Gene immer noch sehr DNA-zentriert ist und wir über die anderen Mechanismen in den Zellen wesentlich weniger wissen. Leben ist aber immer als Zelle organisiert, die DNA selbst ist nicht »belebt«.

Ein grundsätzliches Problem der Gentechnik ist es, dass isolierte DNA übertragen wird und dabei ihrer natürlichen Regulation sowie ihres natürlichen Funktionszusammenhanges beraubt wird. Angesichts der Komplexität der bisher bekannten Funktionszusammenhänge und im Hinblick auf weitere, noch unbekannte biologische Mechanismen ist zu erwarten, dass die offenen Fragen bezüglich Kontrollierbarkeit und Vorhersagbarkeit der Eigenschaften und Risiken gentechnisch veränderter Pflanzen in Zukunft eher noch zunehmen werden.

Kleiner Grundkurs: Die biologischen Grundlagen der Vererbung

Wie ist die DNA aufgebaut?

Der DNA-Aufbau wird in vielen Büchern und im Internet dargestellt. Hier eine kurze Übersicht: Die DNA ist aus vier Basen aufgebaut – Adenin (A), Cytosin (C), Guanin (G) und Thymin (T). Diese sind in der DNA zu langen Ketten verknüpft. Die Basen sind dabei mit Zuckermolekülen (Desoxyribose) verbunden, zwischen den Desoxyribosemolekülen befinden sich Phosphatverbindungen. Die Kombination aus Desoxyribose, Phosphatrest und Base wird Nukleotid genannt. Zwei Ketten dieser Nukleotiden bilden den DNA-Doppelstrang, in dem sich jeweils G und C bzw. A und T gegenüberliegen. Die beiden gegengleichen Stränge sind untereinander durch Wasserstoffbrückenbindungen verbunden und werden als »komplementär« bezeichnet. Der Informationsinhalt der DNA ergibt sich aus der Sequenz (=Abfolge) der vier Bausteine G, C, A und T. Die Bestimmung der genauen Abfolge der vier Basen im DNA-Molekül nennt man Sequenzierung.

Bei Pilzen, Pflanzen und Tieren befindet sich der größte Teil der DNA im Zellkern. Sie sind sogenannte Eukaryonten, das heißt, ihre Zellen verfügen über einen Zellkern (Prokaryonten wie Bakterien haben keinen Zellkern). Im Zellkern ist die DNA in Form von Chromosomen organisiert. Diese sind sozusagen die Verpackung der DNA, an der zahlreiche Proteine beteiligt sind. Die Chromosomen werden bei der Zellteilung verdoppelt und können so jeweils auch an die Tochterzellen weitergegeben werden. In den Fortpflanzungszellen (wie Spermien und Eizellen) liegen dagegen halbierte Chromosomensätze vor, die dann mit denen des Partners zu ganzen Chromosomensätzen kombiniert werden.

Chromsomen sind sowohl für die Aktivierung von Genen wichtig (dafür muss die Verpackung der DNA reduziert werden) als auch für eine geordnete Weitergabe des Genoms: Obwohl es zu beständigen Veränderungen im Erbgut kommt, sorgen die Chromosomen für eine bestimmte Struktur und gewisse Stabilität im Erbgut, die für die jeweilige Art typisch sind und über die Generationen weitervererbt werden können.

Neben der chromosomalen DNA existieren ringförmige DNA-Moleküle in den Mitochondrien[14] und bei Pflanzen zusätzlich in den Chloroplasten[15].

Bei Bakterien (sie zählen zu den Prokaryonten) liegt die ringförmige DNA als Knäuel frei in der Zelle. Zusätzlich zu diesem Chromosom finden sich in Bakterienzellen kleinere DNA-Ringe, sogenannte Plasmide, die den horizontalen Genaustausch (die direkte Weitergabe von genetischer Information an andere Bakterien ohne Zellteilung) ermöglichen. Die Plasmide sind ein wichtiges Werkzeug der Gentechnologen. In sie kann zusätzliche DNA eingeschleust werden, die dann mit der Teilung der Bakterien weiter vermehrt wird (man spricht auch von der Klonierung der DNA). Der durch Plasmide möglich gemachte, sogenannte horizontale Gentransfer muss auch bei der Risikoabschätzung berücksichtigt werden: Nehmen beispielsweise Bakterien im Darm die DNA aus den Pflanzen auf, könnte diese in Plasmide eingebaut und an andere Bakterien weitergegeben werden.

Die Funktion der RNA

Neben der DNA gibt es in den Zellen eine zweite Nukleinsäure, die RNA (Ribonukleinsäure), bei der die Base Thymin durch Uracil ersetzt ist und die unter anderem bei der Übersetzung der DNA in Proteine eine wichtige Rolle spielt. Zudem spielen spezielle kleine RNAs eine wichtige Rolle bei der Regulierung der Genaktivität. Unser Verständnis der RNA-Funktionen hat sich in den letzten Jahren stetig weiterentwickelt und ganz wesentlich dazu beigetragen, dass sich unsere Vorstellung von den Genen grundlegend verändert hat. Einzelne Funktionen der RNA im Überblick:

mRNA und tRNA als Übersetzer von DNA in Protein

Wesentliche Funktion der RNA in der Zelle ist die Umsetzung von genetischer Information in Proteine. In Form der mRNA (messenger RNA oder auch codierende RNA), rRNA (ribosomale RNA) und tRNA (transfer RNA) fungiert sie als Informationsüberträger beziehungsweise als Hilfsmittel zur

14 Wichtig für Energieerzeugung in Säugerzellen.

15 Ort der Fotosynthese in den Pflanzenzellen.

Produktion von Proteinen. Dabei ist die RNA einsträngig. Sie ist eine Kopie der DNA (Transkription). Bei der Aufreihung der Aminosäuren, der Bildung der Proteine, dient sie als Matrize (Translation).

Gene-Splicing

Wie besprochen, kann ein und derselbe DNA-Abschnitt für unterschiedliche Proteine codieren. Eine Grundlage dafür bildet das Spleißen. Durch das Spleißen (Splicing) der DNA-Information nach der Transkription können auf Grundlage einer DNA-Sequenz unterschiedliche Geninformationen gebildet werden. Es werden sogenannte Introns (von Fall zu Fall nicht benötigte Sequenzen, die auf DNA zwischen den codierenden Abschnitten beruhen) herausgeschnitten und die Exons (die auf codierenden Abschnitten beruhen) jeweils neu zusammengefügt. Erst so entsteht die eigentliche Blaupause für die Proteinbiosynthese. Durch das Spleißen können die DNA-Abschnitte (bzw. deren RNA-Kopien) auch unterschiedlich zusammengesetzt werden und so unterschiedliche Funktionen erfüllen (siehe unten). Beispielsweise werden beim Menschen bestimmten DNA-Abschnitten einige tausend Funktionen zugeordnet (alternative Splicing).

RNAi

2006 erhielten Andrew Fire und Craig Mello den Nobelpreis für ihre Entdeckung der Mechanismen der RNA-Interferenz (RNAi). Ihre Arbeit stieß die Tür weit auf zur Welt der RNA-Moleküle. Während man lange Zeit angenommen hatte, dass die RNA ein mehr oder weniger einfaches Werkzeug ist, das bei der Umsetzung von DNA in Proteine benötigt wird, zeigten sich jetzt ganz neue Eigenschaften. Die Mechanismen der RNAi sind nicht direkt an der Herstellung von Proteinen beteiligt, sondern ein entscheidendes Instrument der Genregulation, das gleichermaßen bei Wirbeltieren, Insekten, Pflanzen und anderen Lebewesen vorkommt. Grundlage der Wirkung ist die Bildung einer doppelsträngigen RNA. Diese wird von den Zellen passgenau zu sehr kurzen, oft multifunktionellen Abschnitten aufgearbeitet. Diese kleinen RNA-Abschnitte, die unter anderem microRNA (miRNA) oder small interfering RNA (siRNA) genannt werden, greifen auf vielfältige Weise in den Zellstoffwechsel ein. Interferierende RNA sorgt zum Beispiel dafür, dass keine Translation von der DNA in Proteine stattfinden kann, oder steuert Prozesse in der Zelle, die dafür sorgen, dass bereits gebildete Proteine wieder abgebaut werden. Zellaktivität, Zellteilung und Zelltod werden gleichermaßen über diese kurzen RNA-Abschnitte gesteuert. Die miRNA spielt bei Pflanzen auch bei der Abwehr von Viren eine wichtige Rolle. In jüngster Zeit wird auch die Bedeutung von miRNA im Rahmen der Risikobewertung diskutiert, da es Hinweise darauf gibt, dass miRNA als biologisch aktive Substanz über die Nahrungsaufnahme von Pflanzen in die Zellen von Tieren und Menschen aufgenommen wird (siehe unten).

Vom Gen zum Protein

In den sogenannten codierenden Abschnitten der DNA ist die Bauanleitung für die Proteine (= Eiweiße) der Zelle gespeichert. Auf dem Strang der DNA bestimmen jeweils drei benachbarte Basen, ein Triplett oder auch Codon, welche von insgesamt 20 möglichen Aminosäuren (den Grundbausteinen der Proteine) an der entsprechenden Position im Protein eingebaut werden. Für die meisten Aminosäuren existieren mehrere mögliche Codons. Bestimmte Basentripletts markieren den DNA-Abschnitt, an dem die Synthese gestartet wird, sie werden Start Codons genannt. Andere Codons markieren das Ende der Aminosäurenkette (Stop Codons). Die Aminosäuren werden gemäß der Bauanleitung der DNA aneinandergereiht. Die so entstehenden Aminosäurenketten oder Polypeptide falten sich schließlich nach bestimmten Mechanismen und geben so dem Protein seine dreidimensionale Struktur.

Die Umsetzung der genetischen Information in ein Protein vollzieht sich in mehreren Schritten – die meisten Akteure wurden bereits genannt:

1. Zunächst wird die DNA lokal in zwei Einzelstränge aufgetrennt und mithilfe der RNA-Polymerase eine transportable Abschrift der DNA-Sequenz erstellt, die sogenannte Boten-RNA (kurz: mRNA). Diese ist in ihrer Basenabfolge das Gegenstück der DNA-Sequenz. Der Übersetzungsprozess heißt Transkription.

2. Die RNA wird weiter prozessiert, bestimmte Abschnitte werden dabei entfernt. RNA-Abschnitte, die eine Kopie der DNA-Abschnitte sind, die nicht für die Produktion der jeweiligen Proteine nötig sind – Introns –, werden herausgeschnitten. Übrig bleiben die Exons.

3. Die so prozessierte mRNA (die jetzt aus den zusammengesetzten Exons besteht) wird außerhalb des Zellkerns, im Zytoplasma, an den sogenannten Ribosomen (zusammengesetzt aus RNA und Proteinen) in die Aminosäuren (Polypeptidkette) übersetzt. Dieser biochemische Prozess heißt Translation. Als Mittlermolekül, das einerseits das Triplett erkennt und andererseits die zugehörige Aminosäure binden kann, fungiert die Transfer-RNA, kurz: tRNA.

4. Durch die dreidimensionale Faltung der Aminosäurenkette in eine bestimmte Struktur erhält das Protein schließlich seine Funktion. Proteine erfüllen im Körper die unterschiedlichsten Aufgaben. Sie sind Struktur-

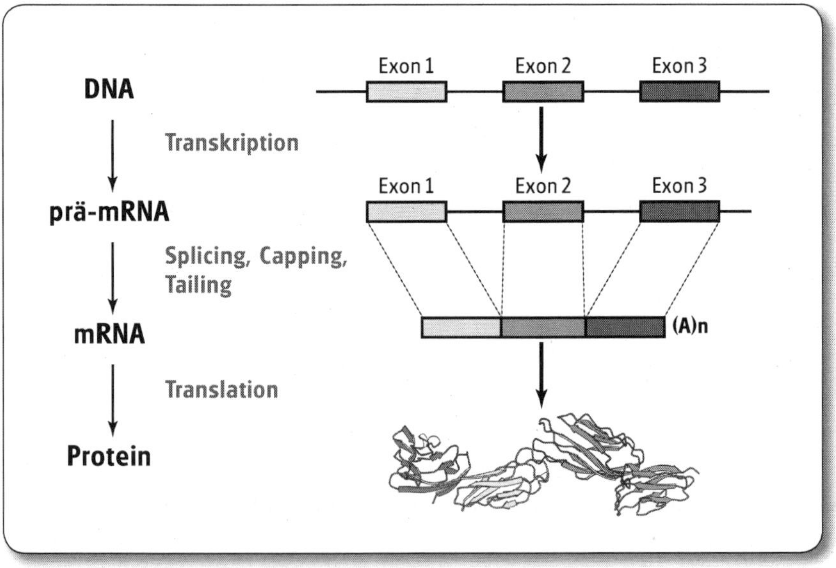

Abbildung 2: Übersicht über die Genexpression bei Eukaryonten.
Quelle: http://de.wikipedia.org/wiki/Spleißen_(Biologie)

komponenten der Zelle und auf verschiedene Weise an Stoffwechselreaktionen beteiligt (Enzyme, Hormone). Sie transportieren Substanzen durch den Körper, stellen die Komponenten des Immunsystems und sind an der Genregulation beteiligt.

Epigenetik und Genregulation

Als Epigenetik wird eine Reihe von Mechanismen bezeichnet, die für die Regulation der Genaktivitäten wichtig sind. Sie tragen beispielsweise dazu bei, dass sich im Rahmen der Embryogenese die Zellen zu unterschiedlichen Organanlagen entwickeln, obwohl alle Zellen dieselbe DNA aufweisen (siehe Jablonka & Raz, 2009). Dafür müssen die Gene zelltyp- und gewebespezifisch reguliert werden.

Die Epigenetik ist auch für das Verständnis der Wechselwirkungen zwischen dem Genom und der Umwelt entscheidend. Epigenetische Mechanismen führen unter anderem dazu, dass Pflanzen ihre Genaktivität in Reaktion auf Umwelteinflüsse (wie Klima, Böden, Befall mit Schädlingen) regulieren können. Die Epigenetik bildet so eine Brücke zwischen genetischer Anlage und Umwelt.

Wichtige Mechanismen der Epigenetik sind:

Methylierung und Acetylierung der DNA

Durch eine Art biochemischer Markierung (Methylierung) können Abschnitte der DNA stillgelegt werden: Die Methylierung an der Base Cytosin hemmt die Transkription der DNA und die Synthese der mRNA. Es kommt zum sogenannten Gene Silencing. Umgekehrt kann eine Acetylierung dazu führen, dass DNA-Abschnitte aktiviert werden.

Modifizierung der Histone (Proteine)

Histone sind Proteine, um die sich die DNA bei der Verpackung zum Chromatin (das Material, aus dem die Chromosomen bestehen) wickelt. Nur eine bestimmte Chromatinstruktur ermöglicht die Transkription der DNA. Die Chromatinstruktur kann durch eine Modifizierung der Histone geändert werden, die so auf die Aktivität der Gene einwirken.

Doppelsträngige und interferierende RNA (RNAi)

Wie bereits erwähnt, ist die RNA nicht nur für die Umsetzung der DNA in Proteine (codierende RNA) wichtig, sondern ist auch entscheidend für die Genregulation in den Zellen. Unter anderem kann die Exprimierung einzelner Gene und damit ihre Aktivität unterdrückt werden. Dabei sind die Prozesse der RNAi und ihre verschiedenen Varianten (wie miRNA, siRNA) an einer Vielzahl von mikrobiologischen Prozessen beteiligt.

Für die Gentechnik sind diese epigenetischen Effekte in verschiedener Hinsicht wichtig: Es kann in Abhängigkeit von der Umwelt zu unerwarteten Effekten in den Pflanzen kommen, wenn etwa die neu eingefügten Gene durch Umwelteinflüsse wieder stillgelegt werden – was man bereits mehrfach beobachtet hat. Für Aufsehen sorgten zum Beispiel Petunien – die ersten gentechnisch veränderten Pflanzen, die in Deutschland freigesetzt wurden. Nach einer Hitzeperiode mit bis zu 36 °C veränderte sich die Blütenfarbe. Waren zunächst aufgrund der gentechnischen Manipulation über 90 Prozent der Blüten stark lachsrot gefärbt, so waren es nach den heißen Tagen nur noch weniger als 40 Prozent. Diese Veränderung konnte auf eine Stilllegung des eingebauten Gens nach dem Hitzestress zurückgeführt werden (Meyer et al., 1992). Ähnliche Reaktionen von gentechnisch veränderten Pflanzen auf Umwelteinflüsse, die sich auf die Expression der fremden Gene auswirkten, fanden sich unter anderem bei Tabak, Reis und Kartoffeln.

Die Bedeutung der Epigenetik für die Forschung ist in den letzten Jahren stetig gewachsen. Dies hat auch Folgen für die Art und Weise, wie die Entstehung von Krankheiten erklärt wird. Dachte man in den 80er- und 90er-Jahren des 20. Jahrhunderts, Tiermodelle wie die »Krebsmaus«, in die man krebsauslösende DNA-Stückchen einpflanzte, seien der beste Weg, um Krebs zu erforschen, sucht man heute oft eher im Bereich der Epigenetik. Es gibt sehr viele DNA-Abschnitte, die möglicherweise Krebs auslösen, die Frage ist aber, welche Faktoren dafür letztlich ausschlaggebend sind.

Auch für Krankheiten wie Asthma, Diabetes, Schizophrenie, Multiple Sklerose oder Alzheimer werden verstärkt epigenetische Ursachen diskutiert – alles Krankheiten, für die man lange Zeit die eigentlichen Ursachen allein auf der Ebene der DNA vermutete. Mittlerweile wurde aber erkannt, dass ihre Entstehung wesentlich komplexer ist, als bisher gedacht.

Diesem Wandel in unseren Vorstellungen widmete 2010 das Magazin *Der Spiegel* eine Titelgeschichte: »Der Sieg über die Gene«. Damit liegt das Magazin im Trend: Dieselben Medien, die jahrelang die Herrschaft der Gene über das Leben bekräftigt hatten (z. B. verkündete der *Spiegel* 1993 auf seinem Titel: »Gen für Homosexualität entdeckt«), entdecken nun den Einfluss der Umwelt auf die Gene und deren Regulation. Jetzt wird unter anderem die Ansicht vertreten, dass unser Verhalten und frühkindliche Einflüsse die Aktivität unserer Gene bestimmen und die Gene kein Schicksal sein müssen. So schreibt der *Spiegel*:

> »Genfunde nähren den Glauben an die Allmacht der Biologie. Doch nun zeigt sich, wie sehr Umwelteinflüsse die Erbanlagen verändern: Die Gene steuern uns – aber auch wir steuern die Gene, durch unseren Lebensstil.«

Die Methoden der Gentechnik[16]

Isolierung und Rekombinierung von DNA

Bereits in den 1980er-Jahren gelangten wichtige Durchbrüche im Bereich der Gentechnik an Pflanzen und Tieren. Die Methoden, die damals zur gentechnischen Manipulation von Pflanzen entwickelt wurden, werden auch heute noch eingesetzt.

Die Grundlagen der gentechnischen Veränderung sind:

- die Isolierung von DNA aus einem Spenderorganismus, die die gewünschten Eigenschaften vermitteln soll;
- das Aufschneiden der DNA mithilfe von Restriktionsenzymen (einer Art DNA-Schere, die nur an bestimmten Stellen schneidet), um den gewünschten Abschnitt der DNA zu erhalten;

16 Bei der Erstellung einzelner Passagen wurde u. a. auf Kempen & Kempen (2012) zurückgegriffen.

- die Kombination der funktionalen (und oft noch modfizierten) DNA-Sequenz (z. B. Herbizidtoleranz) mit Promotoren (Anschaltsequenzen), Stoppsignalen und Markergenen (die eine Selektion der erfolgreich transformierten Pflanzenzellen ermöglichen);
- die Überführung der DNA-Konstrukte in Empfängerzellen (Pflanzenzellen, Eizellen vom Tier u. a.);
- die Selektion der Zellen, bei denen der Gentransfer erfolgreich war, und gegebenenfalls deren Regeneration zu ganzen Organismen (Pflanzen, Tiere).

Die Bereitstellung der DNA-Konstrukte kann seit einigen Jahren auch durch die Synthetisierung im Labor erfolgen. Oft werden die DNA-Konstrukte in ringförmige DNA-Abschnitte von Bakterien (Plasmide) eingebaut und mithilfe dieser Bakterien vermehrt.

Den Promotoren kommt eine entscheidende Rolle zu: Sie sollen dafür sorgen, dass die DNA unter Umgehung der natürlichen Genregulierung im Empfängerorganismus aktiviert wird. Bei Pflanzen wird dafür oft eine DNA-

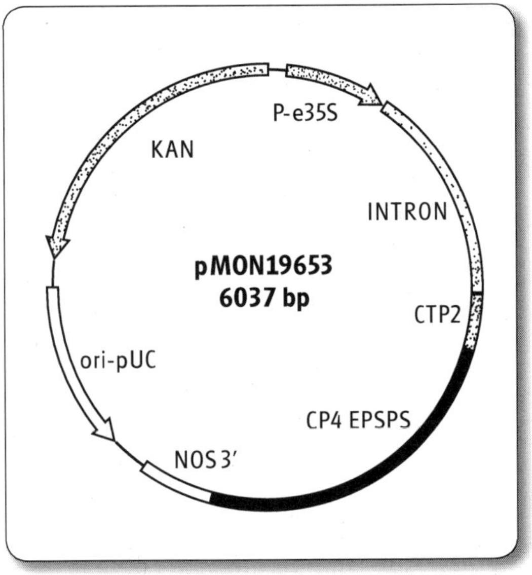

Abbildung 3: **Gentechnisch hergestelltes Plasmid, das von Monsanto zur Herstellung von herbizidtoleranten Pflanzen verwendet wurde.**
KAN: vermittelt Resistenz gegen Antibiotikum Kanamycin (in den Pflanzen nicht mehr vorhanden, der Abschnitt ging beim Prozess der Transformation verloren); P-e35S: Promotor (aus Blumenkohlmosaikvirus); CP4 EPSPS: Enzym, das eine Resistenz gegen Glyphosat verleiht (5-enolpyruvylshikimate-3-phosphate synthase), NOS: Stoppsequenz.
Quelle: Patent EP 546090.

Sequenz aus dem Blumenkohlmosaikvirus (CaMV-35S-Promotor) verwendet, die dafür sorgt, dass die Gene in allen Teilen der Pflanzen aktiviert werden. Es gibt auch andere Promotoren, die gewebespezifisch sind.

Insbesondere bei der gentechnischen Veränderung von Pflanzen soll die Stoppsequenz verhindern, dass die Aktivität des Promotors auf die nachfolgenden DNA-Sequenzen in der Pflanze übertragen wird und ungewollt auch pflanzeneigene Gene aktiviert werden. In manchen gentechnisch veränderten Pflanzen versagt dieses Stoppsignal aber, es kann unter anderem zur Bildung von RNA kommen, die auf der Grundlage von DNA-Bestandteilen (der Pflanze und des DNA-Konstruktes) gebildet wird (Fusion-RNA). Dies wurde unter anderem für herbizidtolerante Sojabohnen der Firma Monsanto beschrieben (Rang et al., 2005). Dadurch können unter anderem die Mechanismen der RNA-Interferenz ausgelöst werden, die zu Veränderungen in den Inhaltsstoffen der Pflanzen und anderen ungewollten Effekten führen können.

Die Herstellung transgener Pflanzen

In erster Linie wird die Transformation über das *Agrobacterium tumefaciens* oder die sogenannte Genkanone (ballistische Transformation) bewerkstelligt. Manchmal kommt auch die Protoplastentransformation zum Einsatz.

Transformation mit Agrobakterien

1980 gelang es Forschern erstmals, mithilfe des Bakteriums *A. tumefaciens* Fremd-DNA in Pflanzenzellen zu übertragen. Dabei machten sie sich einen natürlichen Mechanismus des Bakteriums zunutze: *A. tumefaciens* löst bei verschiedenen Pflanzen Tumore, sogenannte Wurzelhalsgallen, aus. Dazu überträgt das Bakterium einen bestimmten Abschnitt seines Erbgutes in die pflanzliche DNA des Zellkerns. Natürlicherweise werden von den Agrobakterien nur einzelne, verletzte Pflanzenzellen befallen, in die bestimmte bakterielle Gene übertragen werden, die so zur Bildung des zusätzlichen Gewebes (Tumore) führen.

Bei der Nutzung der Ti-Plasmide (tumor-induzierende Plasmide) bei gentechnischen Verfahren werden zusätzliche DNA-Konstrukte in die Plasmide integriert. Die Übertragung der DNA in die Pflanzenzellen erfolgt dabei zufällig. Es kann nicht vorhergesagt werden, an welcher Stelle die Gene inseriert werden, ob eine oder mehrere (vollständige oder unvollständige) Kopien der DNA-Konstrukte übertragen werden.

Anschließend werden aus den transformierten Zellen ganze Pflanzen generiert, die die zusätzlichen DNA-Sequenzen dann in alle Zellen tragen. Methode und Ergebnis dieser DNA-Übertragung können also nur bedingt mit den natürlichen Prozessen verglichen werden.

Ballistische Transformation (»Genkanone«)

Als weitere Möglichkeit steht dem Gentechniker die ballistische Transformation zur Verfügung. Sie wurde 1987 erstmals erfolgreich angewendet und spielt insbesondere bei der Herstellung von transgener Soja und transgenem Mais eine Rolle.

Bei der ballistischen Methode werden die zu transformierenden Pflanzenzellen unter anderem mit winzigen Gold- oder Wolframkügelchen beschossen, die zuvor mit der Fremd-DNA beschichtet wurden. Der Partikelbeschuss geschieht unter Druck in einer speziellen Apparatur (Genkanone). Bei diesem Verfahren gelangt die Fremd-DNA nur bei einem Bruchteil der beschossenen Zellen tatsächlich in den Zellkern, und oft wird sie nicht erfolgreich integriert. Auch kann nicht vorhergesagt werden, an welcher Stelle die Gene inseriert werden. Oft werden auch mehrere (vollständige oder unvollständige) Kopien der DNA-Konstrukte übertragen, was zu genetischer Instabilität führen kann.

Protoplasten-Transformation

Für diese Methode, die ebenfalls in den 1980er-Jahren entwickelt wurde, müssen zunächst Pflanzenzellen ohne Zellwände hergestellt werden, sogenannte Protoplasten. Zur Protoplastenherstellung werden zum Beispiel Blattstücke zuerst mit Enzymen behandelt. Diese bauen die Substanzen, aus denen die Zellwände gebaut sind. Diese Protoplasten (ohne die Zellwände) werden dann mit der Fremd-DNA im Labor zusammengebracht. Für die DNA-Aufnahme muss die Protoplasten-Membran kurzzeitig durchgängig gemacht werden. Dies geschieht entweder chemisch oder mithilfe kurzer Stromstöße (Elektroporation). In den Zellkern gelangende Fremd-DNA kann zufällig an nicht vorhersagbarer Stelle ins Genom gelangen. Die Anwendbarkeit ist eingeschränkt, da die anschließende Regeneration zur intakten Pflanze aus Protoplasten bei einigen Arten schwierig ist.

Selektion der transgenen Pflanzen

Die beschriebenen Verfahren erlauben keine gezielte Insertion, das heißt, man kann nicht vorhersagen, an welcher Stelle des Erbgutes die zusätzlichen Gene eingebaut werden. Bei allen drei beschriebenen Systemen wird jeweils nur ein sehr geringer Prozentsatz der Zellen erfolgreich transformiert. Daher muss in einem anschließenden Schritt auf diese wenigen Zellen hin selektiert werden. Hierzu bedient sich der Gentechnologe sogenannter Selektionssysteme. Das Grundprinzip ist einfach: Bei der Transformation übertragen die Gentechniker neben dem eigentlich interessierenden Fremdgen noch ein zweites Gen, den Selektionsmarker, in die Pflanzenzelle. Als Marker werden unter anderem Antibiotikaresistenzgene verwendet. Kultiviert man die Pflanzenzellen dann auf einem Nährmedium, dem ein Antibiotikum (meist Kanamycin) zugesetzt wurde, können dort nur die erfolgreich manipulierten Zellen überleben. Nur sie sind in der Lage, für die Resistenzbildung verantwortliches Protein zu synthetisieren.

Auch Gene, die den Pflanzen eine Resistenz gegenüber Herbiziden verleihen, können zur Selektion der Pflanzen verwendet werden.

Es gibt verschiedene andere Methoden, beispielsweise die Insertion von DNA, die fluoreszierende Proteine codiert oder die Produktion von Enzymen erlaubt, die das Überleben der Pflanzenzellen im Labor ohne bestimmte Zusatzstoffe ermöglichen. Pflanzen, die dieses zusätzliche Enzym nicht haben, gehen dagegen zugrunde. Da jeder zusätzliche Stoffwechsel in den Pflanzen unerwünschte Wechselwirkungen hervorrufen kann, sind alle diese Selektionsmechanismen nicht unproblematisch.

Regeneration der Pflanzen

Nach erfolgreicher Transformation müssen aus den Protoplasten, Zellen oder Geweben (je nach benutzter Transformationsmethode) wieder intakte Pflanzen herangezogen werden. Durch Zellteilung entsteht aus den transformierten Zellen zunächst ein undifferenzierter Zellhaufen, der Kallus. Dieser wird durch die Einwirkung von Pflanzenhormonen (insbesondere von Auxinen und Cytokininen) zur Spross- und Wurzelbildung angeregt. Schließlich entsteht eine vollständige Pflanze, in der alle Zellen die genetische Veränderung tragen. Der Vorgang funktioniert in der Praxis nicht bei allen Pflanzen gleich gut.

Was sind ein Event, Stacked Event, ein Trait und eine Sorte?

Bei der gentechnischen Veränderung werden, wie erwähnt, in der Regel zunächst einige Tausend Pflanzenzellen verändert. Bei jeder dieser Zellen ist die gentechnische Veränderung unterschiedlich, insbesondere wenn die DNA nach dem Zufallsprinzip ins Erbgut inseriert wurde. Dabei kommt es in unterschiedlichem Umfang zu zusätzlichen unbeabsichtigten Veränderungen wie Deletionen, Fragmentierungen usw. Man spricht hier deswegen von *Events*, einmaligen Einzelereignissen, die durch die DNA-Sequenz und den Ort ihres Einbaus im Genom charakterisiert sind.

Die Events, die für den Anbau selektiert werden, können dann in verschiedene *Sorten* eingezüchtet werden. Sorte ist die Bezeichnung für Saatgut, das kommerziell angebaut wird und durch Züchtung auf Ertrag und bestimmte Umweltbedingungen ausgerichtet ist. Zum Beispiel ist der Mais-Event MON810, der von Monsanto im Labor per Genkanone hergestellt wurde, in verschiedene europäische Sorten eingezüchtet worden. Diese sind im Europäischen Sortenregister oder nationalen Sortenregister eingetragen und können in der EU angebaut werden.

Ein *Trait* ist die technische Eigenschaft der gentechnisch veränderten Pflanze: Bei dem Mais-Event MON810 ist es die Produktion von Insektengift.

Ein sogenannter *Stacked Event* ist eine Pflanze, bei der per Züchtung mehrere dieser Events kombiniert werden. In den Stacked Events können Traits wie Insektengiftigkeit und Herbizidresistenz miteinander kombiniert werden.

Unterschied zwischen Pflanzen-Gentechnik und Züchtung

Der Unterschied zwischen Gentechnik und Züchtung lässt sich bei Pflanzen auf verschiedenen Ebenen beschreiben:

Die Übertragung von isolierter DNA

Bei der Gentechnik werden isolierte DNA-Sequenzen, die ihres natürlichen Kontextes beraubt sind, über die Artgrenzen hinweg übertragen oder es wird auch künstlich synthetisierte DNA in das Erbgut eingefügt.

Die Übertragung von DNA unter der Umgehung der sexuellen Fortpflanzung ist auf der Ebene von Bakterien ein ganz natürlicher Vorgang, sie vermehren sich durch Teilung und können zudem Plasmide austauschen.

Bei Organismen, bei denen die DNA im Zellkern organisiert ist, ist der direkte DNA-Austausch aber so in der Regel nicht möglich. Offensichtlich ist hier die Regulierung der Genaktivität komplexer als bei Bakterien, die Anzahl der regulatorischen DNA-Sequenzen ist bei Pflanzen (und Säugetieren) deutlich höher. Hier erfolgt die Vererbung in einem System, das Variationen zulässt, bei dem aber die Organisationsstruktur des Genoms, inklusive seiner epigenetischen Mechanismen, der unabdingbare Rahmen für die Weitergabe genetischer Information ist. Man spricht deswegen davon, dass die Vererbung höherer Lebewesen bei geordneter Genomverteilung erfolgt: Bei Pflanzen wird die DNA in organisierter Form (als Teil von Chromosomen) und im Rahmen der natürlichen Fortpflanzung ausgetauscht. Zwar gibt es Hinweise darauf, dass Pflanzen es geschafft haben könnten, auch über Artgrenzen Gene auszutauschen, doch dies scheint eine seltene Ausnahme. Die wissenschaftliche Diskussion zeigt, dass es in der Biologie immer wieder unerwartete Ereignisse gibt, aber dies ist kein Widerspruch zur Regel der artspezifischen Vererbung.

Die Gentechnik überträgt die DNA dagegen eher wie einzelne Bausteine. Die isolierte DNA wird außerhalb ihres natürlichen Kontextes verwendet. Sie kann in den Empfängerorganismen vielfältige Wechselwirkungen mit deren Genom und Genregulierung auslösen. Viele dieser Wechselwirkungen sind nicht linear und emergent, das heißt, sie können nicht auf der Grundlage der daran beteiligten Einzelteile vorhergesagt werden.

Bei der gentechnischen Veränderung von Pflanzen wurden bisher Verfahren eingesetzt, bei denen der Ort der Geninsertion nicht vorherbestimmt werden kann. Methoden wie die Genkanone sind regelrechte Schrotschussverfahren. Die Übertragung der Gene erfolgt also nicht gezielt, was zur Folge hat, dass es je nach dem Ort der Insertion zu ganz unterschiedlichen Wechselwirkungen kommen kann. Es gibt neuere Technologien, bei denen die DNA an bestimmten Orten eingefügt wird – aber auch hier handelt es sich um invasive Eingriffe in das Erbgut, die zu ungewollten Nebenwirkungen führen können.

Zudem kann es zu einer Reihe von ungewollten Veränderungen in der Struktur der DNA kommen.

Bei der Insertion der DNA in das Erbgut können zum Beispiel Deletionen (ein Teil der DNA geht verloren), Inversionen (die DNA wird in umgekehrter Richtung eingebaut), Fragmentierungen (nur ein Teil der DNA wird in das Erbgut eingebaut) auftreten, oft werden auch ungewollt mehrere Kopien der DNA in die Pflanzen übertragen. Es kommt zudem zu unbeabsichtigten biologisch aktiven Verbindungen zwischen der pflanzeneigenen DNA und den eingefügten DNA-Konstrukten. Dabei können neue offene Leserahmen (open reading frames) entstehen, die zum Beispiel aus einer Kombination aus den neu inserierten Startsignalen und DNA-Abschnitten der Pflanze bestehen können; die Funktion dieser biologisch aktiven DNA-Sequenzen ist dabei oft unbekannt. Zudem können Effekte wie Pleiotropie auftreten, das heißt, ein DNA-Abschnitt kann mehrere Merkmale beeinflussen. Auch können epigenetische Mechanismen dazu führen, dass die DNA unterschiedlich abgelesen und umgesetzt wird (Gene-Splicing) oder stillgelegt beziehungsweise überexprimiert wird.

Es gibt durchaus auch Fälle in der Natur, bei denen ähnlich wie bei der Gentechnik die DNA über die Artgrenzen übertragen wird – so zum

Beispiel durch Viren, deren Erbgut in das der Pflanzen integriert werden kann. Zudem wird angenommen, dass Chloroplasten und Mitochondrien ursprünglich einzellige Organismen waren, die vor Millionen von Jahren in die Zellen integriert wurden. Auch Teile des Erbguts von Bakterien finden sich im Genom von Tieren und Pflanzen. Mit der Gentechnik oder Pflanzenzucht haben diese Vorgänge allerdings nicht viel gemeinsam. Diese Vorgänge haben sich in Millionen Jahren der Koevolution und nur zwischen speziellen Lebensformen entwickelt. Die Gentechnik kombiniert Erbgut aber auch in einer Art und Weise, wie sie in der Natur niemals vorkommt.

Dies gilt auch für die Hybridisierung von Zellen, die sogenannte Protoplastenfusion, die man unter Umständen zwischen unterschiedlichen, aber nah verwandten Arten durchführen kann. Hierbei können ganze Chromosomensätze über die Artgrenzen hinweg miteinander kombiniert werden. Dabei stößt man allerdings auf viele Hindernisse: Der Züchtungserfolg ist insgesamt gering und davon abhängig, wie nah die Arten miteinander verwandt sind. Damit ist dieses Verfahren viel eher als erweitertes Züchtungsverfahren denn als Gentechnik anzusehen.

Eingriffe in die Genregulation und neue Stoffwechselfunktionen

Die Aktivität der neu eingefügten DNA wird bei gentechnischen Verfahren technisch erzwungen. Die normale Genregulation muss dabei (teilweise) außer Kraft gesetzt werden, um zu erreichen, dass die Pflanze die neue biologische Information akzeptiert. Das Beispiel der Übertragung des Bt-Gens von Bakterien auf Pflanzen zeigt einige der spezifischen Probleme der Gentechnik (Diehn et al., 1996): Mit dem Bt-Gift (ein Insektizid, das natürlicherweise in Bakterien, *Bacillus thuringiensis*, gebildet wird) sollen Pflanzen gegen Insektenbefall geschützt werden. Es mussten jedoch zahlreiche Hürden überwunden wurden, bevor sich Pflanzen diese zusätzliche genetische Information »aufzwingen« ließen:

- Zunächst wurde die DNA für das Gift in voller Länge auf Tomaten und Tabak übertragen. In ausgewachsenen Pflanzen wurde nur eine geringe

Konzentration des Giftes gemessen. Höhere Giftlevel wurden zwar in Zellkulturen erreicht. Doch aus diesen Zellen konnten keine ganzen Pflanzen regeneriert werden.

- Im nächsten Schritt wurde die DNA verkürzt, scheinbar unwichtige Abschnitte wurden abgetrennt. Die Gene erreichten dadurch tatsächlich eine höhere biologische Aktivität. Aber die Dosis des Giftes in den Pflanzen reichte noch längst nicht aus, um die relevanten Schädlinge zu gefährden.
- Deswegen veränderte man jetzt das »Anschaltgen« (Promotor), das aus dem Blumenkohlmosaikvirus stammt und mit der gekürzten Gensequenz für das Toxin gekoppelt ist: Diese aktivierenden Genabschnitte wurden verdoppelt. Die Aktivität der Bt-Gene verzehnfachte sich daraufhin. Aber auch diese Veränderung reichte noch nicht aus, um die Fraßschädlinge zu töten.
- Erst als weitere zusätzliche strukturelle Veränderungen an der DNA vorgenommen wurden, konnte das gewünschte Ergebnis erzielt werden. Dazu mussten allerdings bis zu 85 Prozent der einzelnen DNA-Bausteine verändert werden, um das Gen an den Stoffwechsel der Pflanzen anzupassen.

Dieses Beispiel zeigt, welche Hürden überwunden werden müssen, um isolierte DNA-Abschnitte erfolgreich zu übertragen. Nach Ansicht von Diehn et al. (1996) sind diese Hürden nichts anderes als natürliche Mechanismen, mit denen Pflanzen sich normalerweise vor dem Transfer fremder DNA schützen. Das Beispiel zeigt auch, dass sich die Gentechnik tatsächlich über Mechanismen der natürlichen Genregulierung hinwegsetzen muss, um »Erfolg« zu haben. Sie steht damit im Gegensatz zu den Methoden der Züchtung: Die Gentechnik versucht, den Pflanzen neue Stoffwechselwege aufzuzwingen, während die Züchtung das natürliche Potenzial der Pflanzen abruft.

Auch die Mutationszüchtung basiert im Wesentlichen auf den Mechanismen der Evolution: Pflanzen sind beständig mutationsauslösenden Reizen (wie dem UV-Licht) ausgesetzt. Es bleibt der natürlichen Genregulierung der Pflanzen überlassen, welche der zufälligen Mutationen sich schließlich durchsetzen. Deswegen erhalten sich die wesentlichen Artmerkmale von Pflanzen oft über Jahrmillionen. Pflanzen leben in einem Gleichgewicht aus Veränderung in ihrem Genom und Bewahrung ihrer artspezifischen Lebensform.

Dagegen versucht die Gentechnik, biologische Funktionen in den Pflanzen neu zu »programmieren«. Dabei kann die technisch erzwungene Veränderung der Genfunktion auch Auswirkungen auf die Aktivität pflanzlicher Gene haben. Davon können im Genom weit entfernte Gene genauso betroffen sein wie Gene in der unmittelbaren Nachbarschaft des zusätzlichen DNA-Konstrukts. Diese unbeabsichtigten Veränderungen können sich auf der Ebene des Genoms, der Zelle und/oder des ganzen Organismus auswirken (siehe z. B. Batista et al., 2008; Jiao et al., 2010).

Zwar ist natürlich auch aus Züchtungsverfahren bekannt, dass diese zu Veränderungen in der Aktivität vieler Gene gleichzeitig führen. Batista et al. (2008) untersuchten beispielsweise die Veränderung der genetischen Aktivität von Pflanzen, bei denen durch Bestrahlung Mutationen ausgelöst wurden, im Vergleich zu Pflanzen, bei denen Gentechnik zum Einsatz kam. Bei letzteren Pflanzen fanden sie über 2.000 zusätzliche Veränderungen der Aktivität pflanzlicher Gene. In den nachfolgenden Generationen nahm die Anzahl der in ihrer Aktivität veränderten Gene zwar deutlich ab, es blieben aber auch dann signifikante Unterschiede. Batista et al. (2008) weisen darauf hin, dass es bei den bestrahlten Pflanzen zu noch stärkeren Veränderungen in der Genaktivität kam. Eine Veränderung der Aktivität vieler Gene als Folge einer Bestrahlung ist aber nicht erstaunlich, sie zeigt lediglich die natürliche Reaktion auf einen unspezifischen und ungerichteten Stress, der auf das Erbgut einwirkt. Die Veränderung der Genaktivität in transgenen Pflanzen hat hingegen andere Ursachen, sie beruht auf einem invasiven Eingriff in das Erbgut und kann auch zu anderen Folgeerscheinungen als die Züchtung führen. Dabei spielt es auch eine Rolle, dass mithilfe der Gentechnik auch neue Proteine und Stoffwechselfunktionen in den Pflanzen erzwungen werden können (wie die Produktion von Insektengiften), die durch Mutationszüchtung nicht erreicht werden können und an die die Pflanzen nicht durch evolutionäre Prozesse angepasst sind.

Welche Konsequenzen ergeben sich aus den Unterschieden zwischen Gentechnik und Züchtung?

Eines der Standardargumente der Gentechniker, dass man mit der Übertragung einzelner Gene ja viel präziser arbeiten könne als bei der normalen Züchtung (bei der ganze Chromosomensätze neu kombiniert werden), läuft ins Leere: Gerade im Austausch einzelner Gene nach dem Baukastenprinzip liegt das Problem, weil diese Art der Genom-Veränderung in der Natur bei Pflanzen so nicht vorkommt und deswegen in ihren Folgen auch nicht vorhersehbar ist. Umgekehrt kann man bei der normalen Züchtung mit Tausenden von Genen gleichzeitig arbeiten, weil ihre komplexe Regulation durch das »System Pflanze« in Jahrmillionen entwickelt wurde. Während die Genmanipulation die Pflanzen in eine »komplizierte, fehleranfällige Maschine« verwandelt, nutzt die normale Züchtung die Lebewesen als ein stabiles System, das von der Evolution über lange Zeiträume in Interaktion mit der Umwelt entwickelt wurde. Der Unterschied zwischen Züchtung und gentechnischen Verfahren ist sowohl für die Abklärung gesundheitlicher Risiken als auch für die Beurteilung der Folgen eines Eintrags der Gene in die Ökosysteme und in den Genpool von Wild- und Ackerpflanzen von Bedeutung.

Aber auch für die Züchtungsziele und die Resultate der Züchtung ergeben sich Konsequenzen: Komplexere Merkmale wie Resistenz gegen Umwelteinflüsse (z. B. Klimawandel) oder höhere Erträge sind mithilfe der Gentechnik schwer zu erreichen. Hier sind moderne Züchtungsverfahren oft erfolgreicher. Schon seit einigen Jahren kommen in der normalen Züchtung vermehrt Methoden wie die markergestützte Selektion (MAS) zum Einsatz, bei der nicht einzelne Gene übertragen werden, sondern die natürliche genetische Vielfalt der Pflanzen durch Genanalyse genutzt wird. Deren Genom wird auf natürliche genetische Veranlagungen wie Trockenheits- und Krankheitsresistenz durchsucht. In vielen Fällen beruhen derartige Eigenschaften nicht auf einzelnen DNA-Abschnitten, sondern auf komplexen genetischen Wechselwirkungen. Diese können auf dem Weg der konventionellen Züchtung wesentlich besser bearbeitet werden als durch Übertragung einzelner »Genbausteine«. Werkzeuge wie die markergestützte Selektion unterstützen die konventionelle Züchtung und machen sie effizienter. Gerade bei komplexeren Züchtungszielen, wie Anpassung an den Klimawandel oder höhere Erträge, hat es in der konventionellen Züchtung in den letzten Jahren wesentlich größere Fortschritte gegeben als in der Agro-Gentechnik. So heißt es in einer vergleichenden Studie (Brumlop & Finckh, 2011):

» Bei der Nutzung des (...) Genpools stellt die markergestützte Selektion (MAS) nicht nur eine Alternative zur Gentechnik dar, sondern ist dieser wahrscheinlich auf Dauer überlegen. (...) eingekreuzte und mithilfe von MAS selektierte Eigenschaften sind am richtigen Ort im Genom positioniert und werden meist stabil weitervererbt. Im Gegensatz dazu sind die Orte der DNA-Integration und die Anzahl eingebauter Kopien bei der genetischen Transformation unvorhersagbar und gehen oft mit spontanen Neuanordnungen und Verlusten einher.«

Auch Konzerne wie Hersteller gentechnisch veränderter Pflanzen sehen diese Unterschiede zwischen der Gentechnik und der konventionellen Züchtung. Dies zeigt unter anderem der Text einer Patentanmeldung von Monsanto (WO 2004/053055):

» Die Erfolgsrate, gentechnisch veränderte Pflanzen zu verbessern, ist gering, dies ist durch eine Reihe von Ursachen bedingt, wie die geringe Vorhersagbarkeit der Effekte eines spezifischen Gens auf das Wachstum der Pflanze, deren Entwicklung und Reaktionen auf die Umwelt. Dazu kommt die geringe Erfolgsrate bei der gentechnischen Transformation, der Mangel an präziser Kontrolle über das Gen, sobald es in das Genom eingebaut wurde, und andere ungewollte Effekte (...).«

Trotzdem werden von der Industrie und vielen Experten die grundsätzlichen Unterschiede zwischen Gentechnik und Züchtung in der Öffentlichkeit immer wieder in Abrede gestellt. Ein Grund, warum die Unterschiede zwischen Züchtung und Gentransfer oft infrage gestellt werden, liegt darin, dass vor allem die Industrie daran interessiert ist, die Anforderungen an die Risikoprüfung abzusenken: Würde der Unterschied zwischen Züchtung und Gentechnik verwischt, könnte man die Gentechnik-Pflanzen ohne Risikoprüfung auf den Markt bringen.

5 Anbau gentechnisch veränderter Pflanzen

Wie erwähnt werden weltweit von geschätzten 1,6 Milliarden Hektar landwirtschaftlicher Nutzfläche auf etwa 170 Millionen Hektar gentechnisch veränderte Pflanzen angebaut (Gilbert, 2013). Im Wesentlichen handelt es sich um Pflanzen, die Insektengifte produzieren oder Herbizide tolerieren. Bei den Herbiziden ist insbesondere der Wirkstoff Glyphosat zu nennen, das Herbizid wird unter anderem mit dem Markennamen Roundup gehandelt. Bei immer mehr gentechnisch veränderten Ackerpflanzen werden die Eigenschaften von insektengiftproduzierenden und herbizidtoleranten Pflanzen auch kombiniert, diese Pflanzen werden Stacked Events genannt.

Die Hauptanbauregionen liegen dabei in fünf Staaten: über 150 Millionen Hektar werden in den USA, Brasilien, Argentinien, Kanada und Indien (zehn Millionen Hektar, nur Baumwolle) angebaut. Die zum Einsatz kommenden Nutzpflanzenarten sind Soja (47 Prozent), Mais (32 Prozent), Baumwolle (15 Prozent), Raps (5 Prozent).

Die Entwicklung in den USA[17]

Die USA sind einer der wesentlichen Schrittmacher bei der Entwicklung und der Kommerzialisierung von gentechnisch veränderten Organismen. 1983 wurden unter Beteiligung von amerikanischen und europäischen Forschern die ersten gentechnisch veränderten Pflanzen entwickelt. 1994 kamen in den USA die ersten gentechnisch veränderten Pflanzen auf den Markt. Von dort wurden auch zum ersten Mal gentechnisch veränderte Pflanzen nach Europa exportiert.

17 Teile des Kapitels finden sich auch in Then, 2013.

In den USA war die Freisetzung gentechnisch veränderter Organismen zu Beginn der Entwicklung ähnlich umstritten wie heute in Europa. So wurde zum Beispiel die erste Freisetzung von gentechnisch veränderten Bakterien (Ice Minus) von heftigen Protesten begleitet. Im Vergleich zur EU haben sich in den USA jedoch die Interessen der Konzerne im Bereich Gentechnik und Landwirtschaft weit stärker durchgesetzt.

Dafür gibt es mehrere Ursachen: Zum einen hat die Landwirtschaft in den USA einen wesentlich höheren Grad an Industrialisierung erreicht als in den meisten Regionen Europas. Gentechnisch veränderte Pflanzen, die gegen Herbizide tolerant gemacht wurden, boten einen scheinbaren Ausweg aus den bereits bestehenden Problemen der US-Landwirtschaft, die seit Jahrzehnten durch großflächige Monokulturen geprägt ist. Bereits in den 1990er-Jahren waren beim Anbau von Soja Unkräuter weitverbreitet, die gegen viele der gängigen Spritzmittel resistent waren.[18] Mit der Einführung der *Roundup-Ready*-Soja der Firma Monsanto konnte erstmals der Wirkstoff Glyphosat beim Anbau von Soja eingesetzt werden, der damals gegen alle Unkräuter sehr wirksam war.

Gleichzeitig zeigte die Roundup-Ready-Soja ein neues Geschäftsmodell auf: Monsanto hatte ein Patent auf gentechnisch verändertes Saatgut und auf das Spritzmittel Glyphosat – der Konzern konnte seine Ware im Doppelpack verkaufen. Anders als in Europa gab es also in den USA schon relativ früh Unternehmen, die an der Gentechnik verdienen konnten, auch wenn die Vermarktung der gentechnisch veränderten Anti-Matsch-Tomate 1994 bis 1995 zu einem wirtschaftlichen Desaster für die US-Firma Calgene geworden war: Die Tomate ließ sich nur schlecht ernten und war bei den Verbrauchern eher unbeliebt.

In den USA fanden die Firmen tatkräftige Unterstützung durch die Regierung. Die Gesetzgebung wurde weitgehend an den Interessen der Industrie ausgerichtet: So gibt es in den USA bis heute nur ein lückenhaftes Verfahren für die Zulassung von gentechnisch veränderten Organismen, keine Koexistenzregeln für den Anbau der Pflanzen und keine Kennzeichnung der so hergestellten Lebensmittel.

18 http://www.weedscience.org

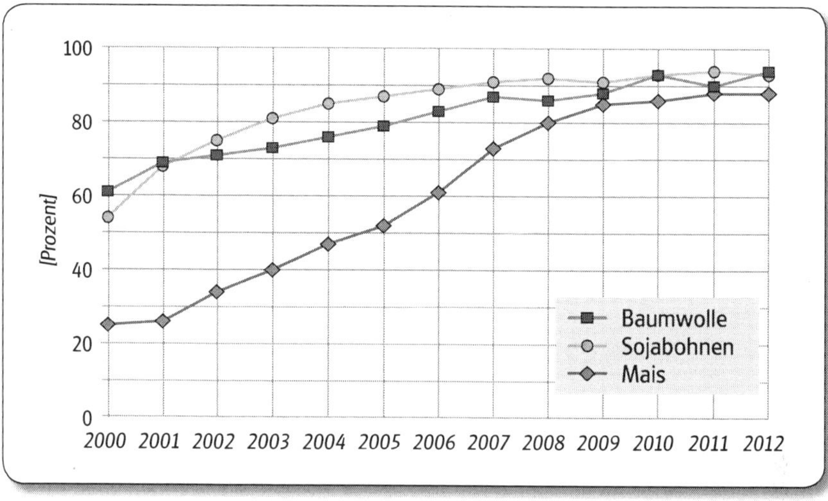

Abbildung 4: **Prozentualer Anteil gentechnisch veränderter Pflanzen beim Anbau von Mais, Soja und Baumwolle von 2000 bis 2012.** Quelle: USDA, www.ers.usda.gov/data-products/adoption-of-genetically-engineered-crops-in-the-us.aspx

Nach 1996 wuchsen die Anbauflächen für gentechnisch veränderte Pflanzen in den USA deutlich. Derzeit werden dort nach Angaben der Industrie etwa 70 Millionen Hektar mit gentechnisch veränderten Pflanzen bebaut. Bei den Pflanzenarten Baumwolle, Soja und Mais hat der Anteil gentechnisch veränderter Pflanzen laut Statistiken des US-Landwirtschaftsministeriums einen Anteil von etwa 90 Prozent erreicht.[19]

In den USA wurden bis 2013 rund 100 verschiedene Gentechnik-Pflanzen (Events) zum Anbau beziehungsweise zum Import zugelassen. Dazu kommen noch eine Reihe von sogenannten Stacked Events, also Pflanzen, die aus einer Kreuzung mehrerer gentechnisch veränderter Pflanzen hervorgehen. Aus diesen Zahlen kann allerdings nicht geschlossen werden, in welchem Umfang diese Pflanzen auch tatsächlich angebaut beziehungsweise vermarktet werden. In großem Stil werden insbesondere Soja, Mais und Baumwolle angebaut. Weiterhin zu nennen sind Raps, Zuckerrüben, Alfalfa, Kürbis und Papayas. Auch in den USA ist damit der Anbau derje-

19 http://www.ers.usda.gov/data-products/adoption-of-genetically-engineered-crops-in-the-us.aspx

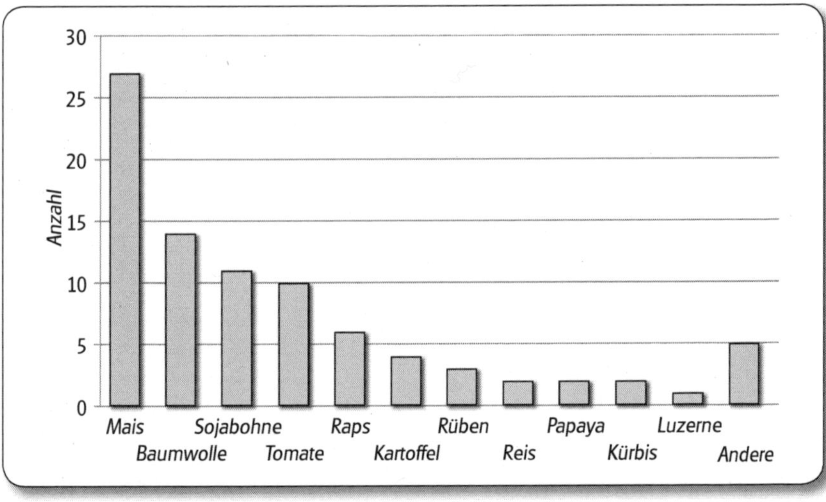

Abbildung 5: Anzahl der Zulassungen gentechnisch veränderter Pflanzen in den USA, geordnet nach Pflanzenarten (2012). Diese Übersicht gibt keine Auskunft darüber, in welchem Umfang diese Pflanzen auch kommerziell angebaut werden.
Quelle: USDA, www.aphis.usda.gov/biotechnology/petitions_table_pending.shtml#not_reg

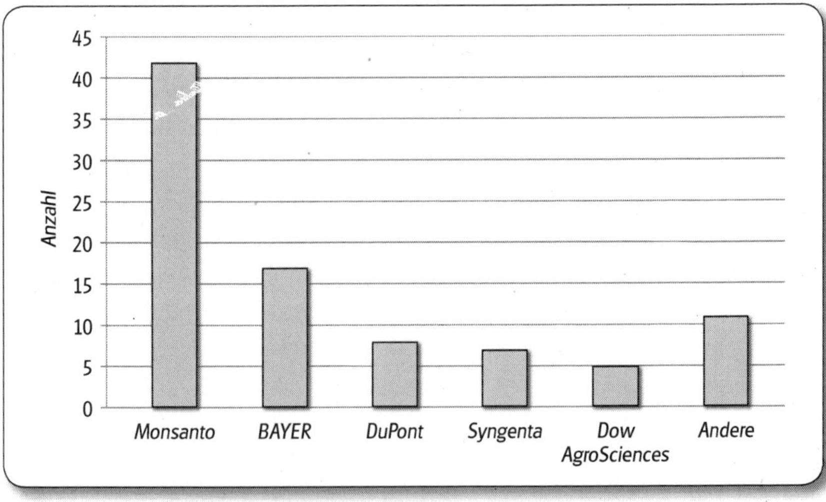

Abbildung 6: Anzahl der Zulassungen gentechnisch veränderter Pflanzen in den USA, geordnet nach Firmen (2012). Diese Zahlen geben keine Auskunft über tatsächliche Marktanteile dieser Firmen. Quelle: USDA, http://www.aphis.usda.gov/biotechnology/petitions_table_pending.shtml#not_reg

nigen gentechnisch veränderten Pflanzen, die vor allem zum Zwecke der Lebensmittelerzeugung angebaut werden, sehr beschränkt geblieben. Kartoffeln, Weizen, Reis und Tomaten werden zwar gentechnisch verändert, stoßen aber insbesondere bei Lebensmittelproduzenten und Händlern auf zu wenig Akzeptanz, um sich auf dem Markt durchzusetzen.

Die Entwicklung in der EU

In der Europäischen Union sind bereits Dutzende von Varianten gentechnisch veränderter Pflanzen (Events) zugelassen (http://ec.europa.eu/food/dyna/gm_register/index_en.cfm). Bis Ende 2013 hatten 48 Events eine Zulassung für den Import und die Verarbeitung in Lebens- und Futtermitteln. Der gentechnisch veränderte Mais MON810, der ein Insektengift produziert, ist auch für den Anbau zugelassen. Eine weitere insektengiftige Pflanze, Mais 1507, war Anfang 2014 kurz vor der Anbauzulassung. Importiert werden vor allem Mais und Soja, aber auch gentechnisch veränderte Baumwolle, Raps, Kartoffeln und Zuckerrüben sind zugelassen. Produkte aus diesen Pflanzen können sowohl in Lebens- als auch in Futtermitteln verwendet werden. Die Einfuhr von gentechnisch veränderter Baumwolle für die Herstellung von Textilien unterliegt keiner Zulassungs- und Kennzeichnungspflicht. Lediglich Baumwollkuchen und Baumwollöle, die auch in Futtermitteln verwendet werden, müssen eine Zulassung durchlaufen.

Fast alle diese Pflanzen gehören im Hinblick auf ihre technischen Merkmale (sogenannte Traits) den beiden bereits genannten Gruppen an: Pflanzen wie Mais und Baumwolle produzieren meist Insektengifte, sogenannte Bt-Toxine, die ursprünglich in Bodenbakterien *(Bacillus thuringiensis)* vorkommen. Andere Pflanzen, darunter insbesondere Soja, Mais und Raps, tolerieren Unkrautvernichtungsmittel (wie erwähnt ist hier vor allem der Wirkstoff Glyphosat zu nennen; das Herbizid wird unter anderem mit dem Markennamen Roundup gehandelt).

Bei immer mehr der gentechnisch veränderten Ackerpflanzen werden die Eigenschaften von insektengiftproduzierenden und herbizidtoleranten Pflanzen auch kombiniert – es handelt sich um sogenannte Stacked Events (IP×HT). Im November 2013 wurde der Mais SmartStax für den Import

Abbildung 7:
Stand der EU-Zulassungen gentechnisch veränderter Pflanzen, Mai 2014: 29× Mais, 8× Baumwolle, 7× Soja, 3× Raps, 1× Zuckerrübe.
Quelle: http://ec.europa.eu/food/dyna/gm_register/index_en.cfm

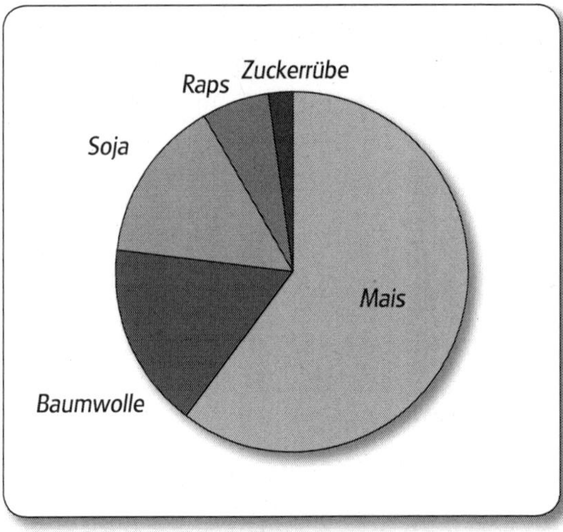

Abbildung 8:
Stand der EU-Zulassungen gentechnisch veränderter Traits, Mai 2014. IP: Insektengiftproduzierende Pflanzen (9 Events), HT: Herbizidtolerante Pflanzen (15 Events), IP×HT: Kombination von Merkmalen (24 Stacked Events), Sonstige: 1× Pollensterilität (Raps).
Quelle: http://ec.europa.eu/food/dyna/gm_register/index_en.cfm

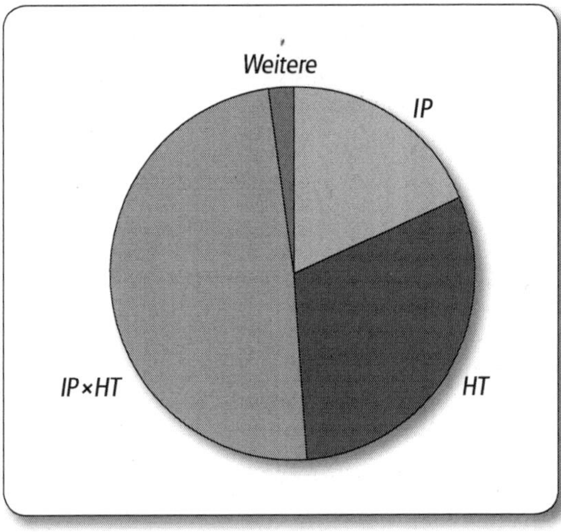

zugelassen – eine Gemeinschaftsproduktion der Konzerne Monsanto und Dow AgroSciences. Der Mais produziert sechs verschiedene Insektengifte und ist gegen zwei Unkrautvernichtungsmittel resistent.

Wirtschaftlich relevant für die EU ist vor allem der Import von Sojabohnen – jährlich werden etwa 35 Millionen Tonnen aus den USA, Argentinien und Brasilien eingeführt. Ein Großteil der Rohstoffe ist gentechnisch ver-

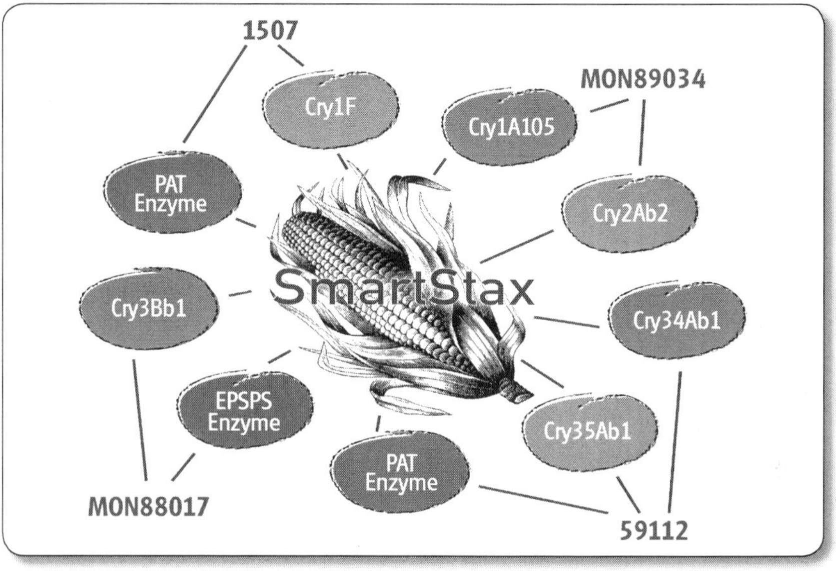

Abbildung 9: Das Produkt SmartStax der Firmen Monsanto und Dow AgroSciences: Der Mais ist eine Kombination aus vier gentechnisch veränderten Events (MON88017, MON89034, DP59122, DP1507). Er produziert sechs Bt-Insektengifte (Cry-Toxine aus verschiedenen *Bacillus thuringiensis*-Stämmen, eines davon, Cry1A105, ist synthetisch hergestellt) und ist tolerant gegen zwei Herbizide (Glufosinat durch das PAT-Enzym und Glyphosat durch das EPSPS-Enzym). Grafik: Testbiotech.

ändert und wird in der EU vor allem in Futtermitteln eingesetzt. Ähnlich ist die Situation beim Import von Mais, allerdings sind die importierten Mengen im Verhältnis zum Verbrauch an Mais in der EU weit geringer: Es werden etwa fünf bis zehn Millionen Tonnen pro Jahr importiert.

Zudem wird in einigen Ländern auch der gentechnisch veränderte Mais MON810 angebaut – vor allem in Spanien, wo in den letzten Jahren etwa 100.000 Hektar mit dieser Pflanze bebaut wurden. Außer in Spanien wurden noch in fünf weiteren Ländern kleinere Flächen mit diesem Mais bebaut – 2010 waren es beispielsweise etwa 10.000 Hektar (Tschechien, Portugal, Rumänien, Polen, Slowakei). An der gesamten Ackerfläche der EU gemessen ist der Gentechnik-Anteil jedoch gering.

Keine Rolle spielen bisher Anwendungen im Non-Food-Bereich (wie nachwachsende Rohstoffe), wenn man vom Anbau der Baumwolle absieht. Zwar wurde in der EU eine Kartoffel der BASF namens »Amflora« zur Produktion von Stärke zugelassen, ein Anbau in der EU fand aber trotz Genehmigung so gut wie nicht statt. Der Europäische Gerichtshof widerrief die Genehmigung für den Anbau wegen Verfahrensfehlern im Jahr 2013. Die Firma Syngenta hat einen Mais mit Enzymen zur Zulassung beantragt, dessen energetische Ausbeute besser als bei konventionellen Sorten sein soll. Auch gentechnisch veränderte Pflanzen, die Arzneimittel oder Impfstoffe produzieren, sind seit etlichen Jahren im Versuchsstadium, spielen aber bisher in der Praxis keine Rolle.

Was demnächst auf den Markt kommen soll[20]

Bisher hat die Agro-Gentechnik also nur eine begrenzte Palette von Produkten hervorgebracht, die hauptsächlich auf dem amerikanischen Kontinent und zum Teil in Asien angebaut und in Stacked Events auf verschiedene Art und Weise kombiniert werden. Komplexere Merkmale wie Anpassung an den Klimawandel oder höhere Leistung werden dagegen nach wie vor eher mithilfe der konventionellen Zucht erreicht. Insgesamt hat die Agro-Gentechnik ihre Ziele im Hinblick auf die Eigenschaften der Pflanzen bisher klar verfehlt.

Auch die derzeit zur Zulassung angemeldeten Pflanzen bringen wenig Neuerungen. Bis Ende 2013 waren weitere 55 Pflanzen bei der Europäischen Lebensmittelbehörde EFSA angemeldet. Neun von ihnen sind in der Prüfung weit fortgeschritten.[21] Die häufigsten Pflanzenarten sind Mais (24 Anmeldungen), Soja (16) und Baumwolle (12). Zehn der Pflanzen sind auch für den Anbau angemeldet. 46-mal findet man die Eigenschaft Herbizidresistenz, 24-mal Insektengiftproduktion. Acht Pflanzen weisen andere Eigenschaften auf, wie veränderte Nährstoffe (Ölqualität), veränderte Verarbeitungsqualität oder Toleranz gegen Wassermangel (siehe unten).

Einen großen Anteil an den Anmeldungen haben Pflanzen, die mit Herbizidresistenzen ausgestattet sind. Hier sollen bis zu neun Herbizide zum

20 Teile der nächsten Kapitel finden sich auch bei Then (2014).

21 www.bfr.bund.de/cm/343/antraege-gvo-lm-fm-vo-1829.pdf; http://registerofquestions.efsa.europa.eu/roqFrontend/questionsListLoader?unit=GMO

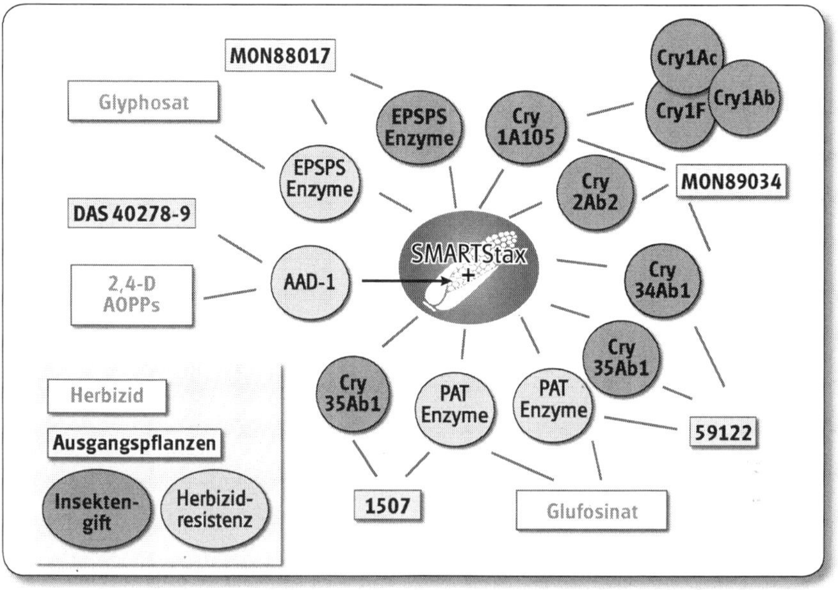

Abbildung 10: Überblick über die Eigenschaften des gentechnisch veränderten Mais »SmartStax+«, der von Dow AgroSciences und Monsanto aus einer Kreuzung von fünf gentechnisch veränderten Pflanzen entwickelt wurde. Er produziert sechs verschiedene Insektengifte und ist resistent gegen vier Herbizide.
Quelle: http://registerofquestions.efsa.europa.eu/roqFrontend/questionsListLoader?unit=GMO.

Einsatz kommen. Dabei sind Resistenzen gegen Glyphosat (34 Anmeldungen) die am weitaus häufigsten. Weitere Wirkstoffe (bzw. Wirkstoffgruppen) sind Glufosinat (24), 2,4-D (6), AOPPs (3)[22], Dicamba (3), ALS-Inhibitoren, Imidazolinon, Isoxaflutol und Mesotrion. Einige der Herbizide sind als sehr giftig bekannt (wie Glufosinat, Quizalofop von der Gruppe der AOPPs und Isoxaflutol).

Auffällig ist insbesondere der große Anteil an Stacked Events, das heißt jenen Pflanzen, die Mehrfachresistenzen gegen Herbizide aufweisen und/oder mehrere Insektengifte produzieren. Von den 55 Anmeldungen sind 25 Pflanzen sogenannte Stacked Events, die aus Kreuzungen gentechnisch veränderter Pflanzen bestehen. Bei den derzeit in der EU angemeldeten

22 AOPP (auch als ACCase Inhibitoren oder FOP-Herbizide bekannt).

Stacked Events werden bis zu sechs gentechnisch veränderte Pflanzen miteinander gekreuzt. Viele Pflanzen sind gegen zwei Herbizide gleichzeitig resistent, einige Stacked Events ertragen sogar den Einsatz von drei oder vier Herbiziden.

Bei der Anzahl von Kreuzungen und der Kombination von gentechnisch eingeführten Eigenschaften sind Pflanzen von Dow AgroSciences und Syngenta die Spitzenreiter unter den Stacked Events. Dow AgroSciences hat in Zusammenarbeit mit Monsanto Maispflanzen entwickelt, bei denen der Mais SmartStax mit einem weiteren Event (DAS 40278-9) kombiniert wird, der gegen zwei Herbizide gleichzeitig resistent ist. So entsteht eine Pflanze, die als »SmartStax+« bezeichnet werden kann. Sie produziert sechs Insektizide (eines davon ist synthetisch hergestellt und kommt so in der Natur nicht vor) und ist resistent gegen vier Herbizide (Glyphosat, Glufosinat, 2,4-D und AOPP).

Auch Syngenta hat einen ähnlichen Stacked Event aus sechs gentechnisch veränderten Pflanzen zur Zulassung angemeldet. Das Ergebnis – hier »Syngenta Six« genannt – ist resistent gegen Glyphosat und Glufosinat und produziert vier Insektizide, eines davon ist synthetisch hergestellt. Zwei der Toxine gehören der Untergruppe der VIP-Toxine[23] an, zu denen es bisher nur wenige Risikountersuchungen gibt. Die Unsicherheiten bezüglich ihrer Auswirkungen auf Umwelt und Gesundheit sind hier also besonders groß.

Experimentelle Freisetzungen

In der Freisetzungsdatenbank der EU[24] sind 2.709 Freisetzungsanträge für gentechnnisch veränderte Organismen bis April 2012 registriert, die meisten davon sind Nutzpflanzen, etwa 80 davon betreffen Gentechnik-Bäume. Weiterhin registriert werden auch gentechnisch veränderte Mikroorganismen. Die Zahl der Freisetzungsversuche ist in der EU in den letzten Jahren zurückgegangen.

23 Diese Gifte stammen, wie die Insektengifte in SmartStax, ursprünglich aus den Bodenbakterien *Bacillus thuringiensis*. Die Wirkung der VIP-Toxine beruht allerdings auf anderen Wirkungsmechanismen als bei SmartStax, dessen Toxine zur Untergruppe der Cry-Toxine gehören.

24 http://gmoinfo.jrc.ec.europa.eu/overview/

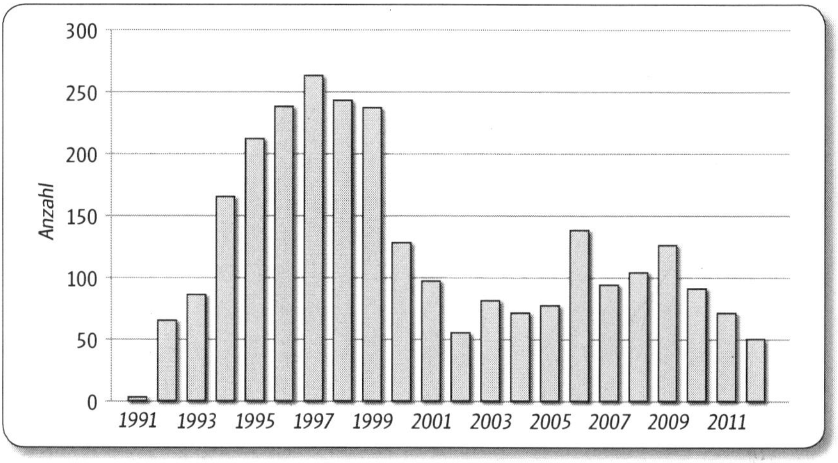

Abbildung 11: Zahl der Freisetzungen in der EU pro Jahr.
Quelle: http://gmoinfo.jrc.ec.europa.eu/overview/

In den USA fand die höchste Anzahl der Freisetzungsversuche im Jahr 2000 statt. Seitdem ist sie ebenfalls rückläufig. Insgesamt sind dort nach einem Bericht der US-Landwirtschaftsbehörde, USDA, 17.000 Versuche registriert (Fernandez-Cornejo, 2014).

Gegenstand der Freisetzungen in der EU sind unter anderem Herbizidtoleranz, Insektengiftigkeit, Veränderungen des Stoffwechsels der Pflanzen (u. a. Öle, Stärke), Pollensterilität, Virusresistenz, Pilzresistenz und andere. Die nachfolgende Tabelle listet die zehn häufigsten Pflanzenarten auf, die in der EU bei experimentellen Freisetzungen verwendet wurden.

Tabelle 3: Pflanzenarten, die am häufigsten in der EU in Freisetzungsversuchen bis 2012 verwendet wurden. Quelle: http://gmoinfo.jrc.ec.europa.eu/overview/

Pflanzenarten	Zahl der Freisetzungsversuche in der EU	Pflanzenarten	Zahl der Freisetzungsversuche in der EU
Mais	936	Tomate	75
Raps	381	Tabak	61
Kartoffel	307	Reis	36
Zuckerrüben	282	Weizen	36
Baumwolle	91	Chicoree	31

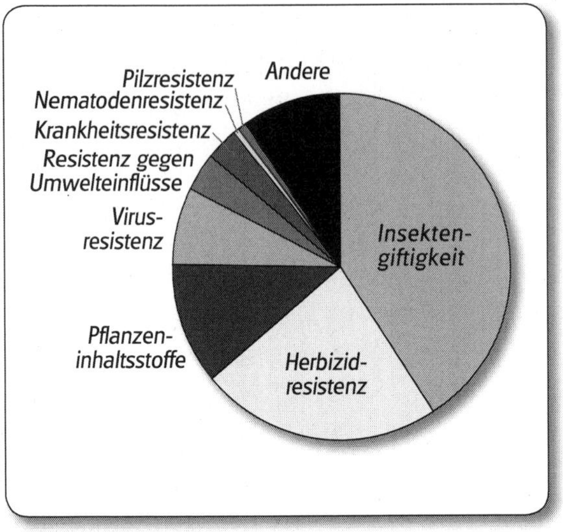

Abbildung 12:
Progonose der Industrie über Zulassungen bis 2015.
Auswertung von Daten aus Stein & Rodríguez-Cerezo, 2009.

Von den Pflanzen, die in Freisetzungen getestet wurden, gelangt nur eine kleine Auswahl zur Anmeldung für die kommerzielle Nutzung. Darunter befindet sich eine geringe Anzahl von Pflanzen, die andere Eigenschaften aufweisen als Herbizidresistenz oder Insektengiftigkeit, wie etwa die Kartoffeln der Firma BASF, die gegen Phytophtora (eine Pilzkrankheit) resistent gemacht wurden. Da der Pilz, der die Kartoffelfäule auslöst, äußerst wandlungsfähig ist, ist es zweifelhaft, ob diese Resistenz unter Praxisbedingungen funktionieren würde. Anfang 2013 zog BASF diesen Antrag auf Marktzulassung in der EU zurück (s.o.).

Zudem haben die Firmen Monsanto und BASF gemeinsam einen trockenheitsresistenten Mais entwickelt, der in den USA im Jahr 2012/2013 angebaut wurde und in der EU zur Zulassung für den Import ansteht. Es ist zweifelhaft, ob dieser Mais gegenüber konventionell gezüchteten Sorten, die bereits auf dem Markt sind, echte Vorteile aufweist. Beispielsweise bietet auch die Firma Syngenta in den USA einen trockenheitstoleranten Mais an, der allerdings aus konventioneller Zucht stammt und in Bezug auf die Trockenheitstoleranz keineswegs schlechter zu sein scheint als der Gentechnik-Mais. Zudem stehen in der EU gentechnisch veränderte Sojabohnen mit veränderter Fettsäurezusammensetzung zur Zulassung an.

Bisher ist die Palette der technischen Eigenschaften der tatsächlich zur Vermarktung angemeldeten gentechnisch veränderten Pflanzen also begrenzt. Auch nach Angaben der Industrie werden in den nächsten Jahren bei den internationalen Marktzulassungen die Eigenschaften Herbizidresistenz und Insektengiftigkeit dominieren (Stein & Rodríguez-Cerezo, 2009). Weiterhin am stärksten zunehmen werden dabei die sogenannten Stacked Events.

Die Entwicklung blieb bis zum Jahr 2014 also mehr oder weniger bei den Produkten stehen, die von der Agrochemie bereits in den 80er-Jahren des letzten Jahrhunderts entwickelt wurden. Damit bleiben die auf dem Markt befindlichen Produkte weit hinter dem zurück, was beispielsweise 1992 als Prognose der OECD veröffentlicht wurde, die auf Umfragen der Industrie beruhte (Tabelle 4).

Tabelle 4: Voraussichtliche Entwicklung der Agrobiotechnologie. Quelle: OECD 1992.

1990–1993	Herbizid- und Pestizidtoleranz
1993–1996	Verbesserung in der Verarbeitung
1996–1999	Industrielle Produktion pharmazeutischer Produkte
1999–2003	Umwelttoleranz
2003–2006	Direkte Ertragssteigerungen

Gentechnik-Bäume

In der EU sind bisher fast 80 Freisetzungsanträge mit gentechnisch veränderten Bäumen registriert, vor allem in Spanien, Frankreich, Schweden und Finnland.[25] In den USA werden virusresistente Papayabäume auf Hawaii bereits angebaut und insbesondere die Firma ArborGen verfolgt vehement Pläne zum kommerziellen Anbau von gentechnisch verändertem frosttolerantem Eukalyptus (Barker, 2013), dagegen stehen in der EU noch keine Marktzulassungen an.

25 http://gmoinfo.jrc.ec.europa.eu

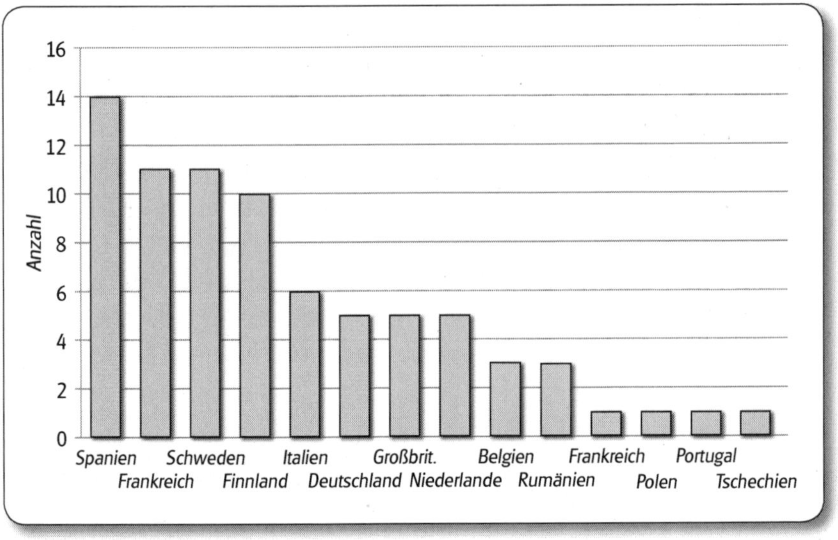

Abbildung 13: Übersicht über die Länder der EU, in denen Freisetzungen mit gentechnisch veränderten Bäumen durchgeführt wurden. Quelle: http://gmoinfo.jrc.ec.europa.eu

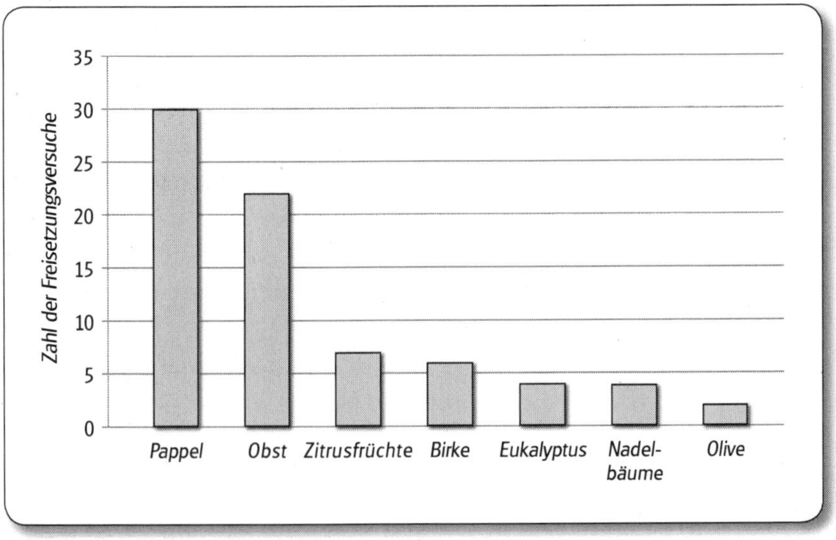

Abbildung 14: Übersicht über die Baumarten, mit denen Freisetzungen in der EU durchgeführt wurden. Quelle: http://gmoinfo.jrc.ec.europa.eu

Abbildung 15:
Übersicht über die Eigenschaften gentechnisch veränderter Bäume, die in der EU freigesetzt wurden.
Quelle: Gmtreewatch.org

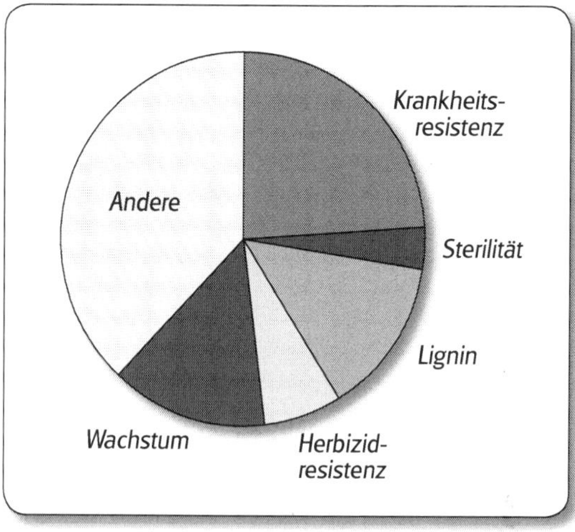

In der EU freigesetzt wurden hauptsächlich Pappeln, an denen die Holzindustrie großes Interesse hat. Gentechnisch veränderte Pappeln, die Bt-Gifte produzieren, werden in China seit Jahren kommerziell angebaut (Then & Hamberger, 2010). In Belgien sind mehrjährige Freisetzungsversuche mit Gentechnik-Pappeln mit veränderter Holzzusammensetzung geplant.[26] Einen relativ großen Anteil der Freisetzungsanträge der EU machen Obstbäume aus, hier geht es vor allem um Apfelbäume, es sind aber auch Birnen, Pflaumen und Kirschen in der EU-Datenbank registriert.

Bei den in der EU freigesetzten Gentechnik-Bäumen werden unterschiedliche Merkmale verfolgt. Krankheitsresistenz (u. a. gegen Viren, Pilze und Bakterien) machen ebenso einen großen Teil aus wie Merkmale, die für die Holzwirtschaft wichtig sind (Ligninanteil, Wachstum). Dagegen spielt die Herbizidresistenz eine untergeordnete Rolle.[27]

---

26 http://www.bio-council.be/docs/BAC_2013_0580_CONS_rev0410.pdf

27 Es wurde auf die Angaben einer NGO-Datenbank (Gmtreewatch.org) zurückgegriffen, die einen guten Überblick bietet, obwohl sie nicht alle Freisetzungsversuche erfasst (es werden hier etwa 60 Versuche in der EU registriert).

6 Risiken gentechnisch veränderter Pflanzen: Expect the unexpected

Wie bereits erwähnt, gibt es sehr unterschiedliche Strategien im Umgang mit den Grenzen des Wissens: Während die Technologen in einer Tradition der Kontrollierbarkeit stehen und erwarten, dass man Lebewesen planvoll konstruieren beziehungsweise manipulieren kann, gehen die Ökologen eher davon aus, dass man jederzeit »das Unerwartete erwarten« müsse (Boeschen et al., 2006). Hier zunächst ein paar Beispiele dafür, wie berechtigt es ist, in Zusammenhang mit der Gentechnik mit Überraschungen zu rechnen.

Wie Pflanzen lernen

Als Monsanto im Jahr 2000 in den USA einen Antrag auf Anbau des Gentechnik-Maises NK603 stellte, hatte die Firma scheinbar alles im Griff. Der Mais ist gegen Glyphosat (auch bekannt unter dem Handelsnamen Roundup) resistent. Manche Experten befürchteten, dass die Unkräuter gegen das Spritzmittel rasch resistent werden könnten. Doch Monsanto hatte Argumente, die die Behörden überzeugten. Im Antrag auf Zulassung aus dem Jahr 2000 heißt es[28]:

> Obwohl nicht behauptet werden kann, dass es nicht zur Entstehung von Resistenzen gegen Glyphosat kommen wird, ist zu erwarten, dass die Entstehung von Resistenzen nur ein sehr seltenes Ereignis sein wird, weil:

---

28 http://www.aphis.usda.gov/brs/aphisdocs/00_01101p.pdf

> 1. Unkräuter und Nutzpflanzen natürlicherweise nicht gegen Glyphosat resistent sind und der langjährige ausgiebige Gebrauch von Glyphosat nur in wenigen Fällen zur Entstehung von resistenten Unkräutern geführt hat;
> 2. Glyphosat viele einzigartige Eigenschaften hat, wie seine Wirkungsweise, chemische Struktur, seine begrenzte Umsetzung im Stoffwechsel der Pflanzen und das Fehlen von aktiven Rückständen im Boden, die eine Entstehung von Resistenzen unwahrscheinlich machen;
> 3. eine Selektion auf Resistenzen gegen Glyphosat unter Verwendung von Pflanzen und Zellkulturen nicht erfolgreich war und daher auch in der Natur unter normalen Feldbedingungen nur selten zu erwarten sein sollte.«

Diese Prognose war offensichtlich falsch. In der Datenbank »Weedscience« (www.weedscience.org) wird seit einigen Jahren das vermehrte Auftreten neuer resistenter Unkräuter in den verschiedenen US-Bundesstaaten registriert. Diese Unkräuter können mit Glyphosat entweder gar nicht mehr oder nur noch mit sehr hohen Dosierungen bekämpft werden. In den USA waren bis 2014 insgesamt 14 resistente Unkrautarten in über 30 Bundesstaaten registriert. Etwa 50 Prozent der Anbaufläche bei gentechnisch veränderter Soja ist von diesem Problem bereits betroffen. Zum Teil müssen die meterhohen Unkräuter per Hand aus den Feldern entfernt werden. Die wirtschaftlichen Schäden sind erheblich. Laut Benbrook (2012) kann aus von Dow AgroSciences vorgelegten Zahlen abgeleitet werden, dass durch die Ausbreitung der glyphosatresistenten Unkräuter die Kosten der Landwirte um 50 bis 100 Prozent steigen. Benbrook zitiert weitere Studien, nach denen die Kosten im Sojaanbau in Arkansas von 16,29 auf 44,34 US-Dollar je Acre gestiegen sind, in Illinois (Sojaanbau) von 19,21 auf 31,49 und beim Maisanbau in Iowa von 19,23 auf 32,10 US-Dollar.

Nach Angaben der Zeitschrift *Science* (Service, 2013) stiegen beim Baumwollanbau im Süden der USA die Ausgaben pro Hektar in den letzten Jahren dramatisch, innerhalb weniger Jahre von 50 bis 75 US-Dollar auf 370 US-Dollar. Für den Anbau von Sojabohnen in Illinois stiegen die Kosten demnach von 25 auf 160 US-Dollar pro Hektar. Aufgrund der explodierenden Kosten nahm demnach in den letzten Jahren der Anbau von Baumwolle in Arkansas um 70 Prozent ab, in Tennessee um 60 Prozent.

2014 gab es weltweit 29 gegen Glyphosat resistente Unkrautarten, die meisten davon stehen in Verbindung mit dem Anbau gentechnisch veränderter Pflanzen (Heap, 2014). Neben den 14 Arten in den USA wurden sieben in Argentinien, fünf in Brasilien und vier in Kanada gefunden. Weiterhin gibt es auch Resistenzen in Australien, Südafrika und anderen Ländern, also auf insgesamt sechs Kontinenten (Sammons & Gaines, 2014). In Bezug auf die Anzahl der Resistenzmechanismen gegenüber den verschiedenen Wirkstoffgruppen liegt Glyphosat bereits auf Platz sechs der Top Ten.[29]

Es ist auch von vielen anderen Spritzmitteln bekannt, dass sich die Unkräuter anpassen können, wenn diese großflächig und über längere Zeit angewendet werden. Natürlicherweise finden sich in den Populationen immer einige Pflanzen, die zufällig mutieren oder bereits Resistenzen aufweisen, die dann unter den Bedingungen des Spritzmitteleinsatzes einen wesentlichen Überlebensvorteil haben.

Die gängige Theorie lautet, dass es immer einige resistente Unkräuter gibt, die dann bei massivem Gebrauch von Spritzmitteln selektiert werden und einen Wettbewerbsvorteil gegenüber den anderen Pflanzen haben. Was allerdings stutzig macht, ist, dass die Resistenzmechanismen, die im Laufe der Zeit entdeckt werden, bei vielen Herbiziden stetig zunehmen. So werden zum Beispiel bei ALS-Inhibitoren immer wieder neue Mutationen gefunden – inzwischen sind hier 144 verschiedene Resistenzmechanismen in über 130 Arten bekannt geworden. Es scheint naheliegend anzunehmen, dass hier nicht nur bereits bestehende Resistenzen selektiert werden, sondern auch immer neue Mutationen hinzukommen. Doch die Mechanismen, mit denen sich die Unkräuter an Glyphosat angepasst haben, sind ungewöhnlich: Mutationen im Erbgut spielen dabei nur eine kleinere Rolle. Stattdessen haben die Pflanzen beispielsweise Strategien entwickelt, das Glyphosat in den Zellen abzutransportieren und so (in sogenannten Vaku-

29 www.weedscience.org

olen) zu speichern, dass es seinen eigentlichen Zielort in den Zellen nicht erreicht und dadurch unwirksam wird (Sammons & Gaines, 2014). Zudem stellte man fest, dass mehrere der Resistenzen dadurch zustande kommen, dass die Pflanzen natürlicherweise vorkommende DNA-Abschnitte in ihrem Erbgut vervielfältigt haben. Diese Erbgutabschnitte betreffen bestimmte Enzyme, mit denen das Herbizid in den Pflanzen abgebaut werden kann. Bis zu 160-mal mehr der relevanten DNA-Abschnitte fanden sich im Erbgut. Man spricht von Gen-Amplifikation (Gaines et al., 2009).

Gen-Amplifikationen treten auch bei anderen Pflanzen auf, es ist bekannt, dass manche Pflanzen sich so an veränderte Umweltbedingungen anpassen können. In Zusammenhang mit Herbizidresistenzen wurde dieses Phänomen bisher aber nicht beobachtet (Sammons & Gaines, 2014). Mechanismen wie die DNA-Vervielfältigung werden von epigenetischen Prozessen gesteuert. Sie ermöglicht es den Pflanzen, sich an bestimmte Umweltbedingungen anzupassen, nicht durch Mutationen, sondern durch Veränderung ihrer Genregulation. Diese Veränderungen können auch an die nächsten Generationen vererbt werden. Überraschenderweise scheinen sich diese Resistenzmechanismen nicht nur einmal, sondern, wie Genomanalysen zeigen, mehrfach und voneinander unabhängig bei verschiedenen Arten entwickelt zu haben.

Die Gen-Amplifikationen sind also nicht zufällig entstanden, sondern haben sich in verschiedenen Anbauregionen und bei verschiedenen Arten mehrfach in Reaktion auf den massiven Einsatz von Glyphosat entwickelt. Im Ergebnis ist die Entstehung dieser Resistenzen eher als aktive genetische Anpassung zu interpretieren, denn als eine zufällige Mutation und Selektion. Man wird an die Evolutionstheorie von Lamarck (1744–1829) erinnert, nach der Anpassungen an die Umwelt erworben und vererbt werden können. Diese auf dem Acker beobachteten Phänomene werfen tatsächlich auch ein neues Licht auf die Mechanismen der Evolution: Pflanzen können ihre Evolution aktiv gestalten und reagieren nicht nur passiv und zufällig auf Umwelteinwirkungen.

Jetzt diskutieren die Herbizidexperten, ob es sich hier nicht um ein Phänomen handelt, das auch bei anderen Herbizidresistenzen eine Rolle spielt und bisher nur übersehen wurde.

Welche Informationen übertragen Pflanzen bei ihrem Verzehr?

Die erste gentechnisch veränderte Pflanze, die 1994 in den USA zugelassen wurde, war die sogenannte Anti-Matsch-Tomate. Auch in manchen europäischen Ländern durfte sie – als Dosentomate – vermarktet werden. Die gentechnische Veränderung bestand darin, dass man ein pflanzeneigenes Enzym blockierte, das für den Abbau der Zellwände zuständig ist – die Tomate blieb so länger »in Form«. Der Mechanismus, auf dem dieser Effekt beruhte, war damals nur in groben Zügen bekannt. Man hatte das Gen für das Enzym, das am Abbau der Zellwände beteiligt ist, zusätzlich so in das Erbgut der Tomaten eingebaut, dass es sozusagen rückwärts gelesen werden musste. Das führte dazu, dass die Genfunktion blockiert wurde.

Wie genau dieser Effekt funktioniert und welche grundlegenden zellbiologischen Mechanismen hier im Spiel sind, war zum Zeitpunkt der Zulassung der Tomate nicht bekannt: 2006 erhielten Andrew Fire und Craig Mello den Nobelpreis für ihre Entdeckung der RNA-Interferenz (RNAi), ein Mechanismus, zu dem sie 1998 erste Ergebnisse veröffentlicht hatten. Wie bereits erwähnt, hatte man ursprünglich angenommen, dass die RNA nur ein Werkzeug sei, das bei der Umsetzung von DNA in Proteine benötigt wurde. Unter anderem auf der Grundlage der Arbeit von Fire und Mello zeigten sich aber ganz neue Eigenschaften: RNAi ist ein entscheidendes Instrument der Genregulation, das gleichermaßen bei Wirbeltieren, Insekten, Pflanzen und anderen Lebewesen vorkommt.

Ähnlich wie bei der DNA kann in den Zellen auch doppelsträngige RNA gebildet werden – die allerdings viel kürzer ist. Diese doppelsträngige RNA wird von bestimmten Enzymen (DICER) in der Zelle erkannt und in kleine Stücke wie die siRNA (small interfering RNA) zerlegt. Die kleinen RNA-Abschnitte miRNA (microRNA) und siRNA sind äußerst vielseitig: Sie können Verbindungen mit anderen Proteinen eingehen, dann die Aktivität bestimmter DNA-Abschnitte verstärken oder abschwächen. Es ist bekannt, dass diese Mechanismen auch bei Säugetieren an der Genregulierung beteiligt sind. Entsprechende Gene betreffen auch Zellwachstum, Zelltod, Zelldifferenzierung und die Erhaltung der Funktion und Identität der Zellen. Deswegen werden die Mechanismen der RNAi unter anderem auch mit Krebserkrankungen in Verbindung gebracht.

RNAi kann so unter anderem bewirken, dass DNA erst gar nicht abgelesen wird, oder aber, dass bereits hergestellte Eiweißstoffe wieder zerstört werden. Im Ergebnis fehlen der Zelle also bestimmte Eiweißstoffe. Dieser Mangel kann tödlich sein: Verabreicht man eine entsprechende RNA an Insekten, kann das dazu führen, dass diese nach kurzer Zeit absterben. Diesen Effekt wollen Konzerne wie Monsanto nutzen: Der Konzern stellt Pflanzen her, die bestimmte RNAs produzieren sollen, um Schadinsekten zu töten, wenn diese an den Pflanzen fressen (siehe unten). Weiterhin ist beabsichtigt, Bienen mit spezifischen RNA-Abschnitten zu füttern, die dann von Parasiten aufgenommen werden und diese töten sollen, wenn sie Bienenstöcke befallen.

Die kleinen, biologisch wirksamen RNAs finden sich auch dort überall, wo Pflanzen oder Tiere leben, fressen oder gefressen werden. Die Wege, wie die RNA von Fall zu Fall aufgenommen und verarbeitet wird, sind sehr unterschiedlich: Insekten können miRNA aktiv aus dem Darm aufnehmen, bei Fadenwürmern geht sie durch die Haut, sie wird sogar über die Atemluft aufgenommen. Dabei zeigt sich eine große Vielseitigkeit der RNAi-Effekte: Je nach Länge der RNA, ihrer Aufbereitung durch Enzyme, ihrer Herkunft und in Abhängigkeit von dem sie aufnehmenden Organismus können ganz unterschiedliche Effekte in der Zelle ausgelöst werden. Die tatsächlichen Auswirkungen sind nach bisherigem Wissensstand oft schwer vorherzusagen.

2013 und 2014 fanden in den USA und der EU Konferenzen statt, die sich erstmals eingehend mit den Risiken der RNAi in Zusammenhang mit der Nutzung gentechnisch veränderter Pflanzen befassten. Es gibt nach der Anti-Matsch-Tomate bereits einige weitere Produkte, wie Sojabohnen mit einem veränderten Ölgehalt, die auf der Nutzung von RNAi basieren. Bislang hatte man deren Risiken eher als gering eingeschätzt, weil in diesen Pflanzen keine neuen Eiweißstoffe produziert werden. Doch 2011/2012 sorgten Publikationen aus China für großes Aufsehen: Hier fanden Wissenschaftler bei Untersuchungen im Blut von Frauen und Männern kurze RNA-Abschnitte (miRNA), die auch in wichtigen Nahrungspflanzen wie

Reis, Weizen und Kartoffeln vorkommen (Zhang et al., 2011). Nach den Ergebnissen von Fütterungsversuchen an Mäusen stammt diese miRNA wohl aus Pflanzen und ist dort an Mechanismen der Zellregulierung beteiligt. Sie ist so klein, dass sie nach der Nahrungsaufnahme über den Darm unverändert ins Blut übergehen kann. Sie übersteht nach den Untersuchungen aus China sogar das Kochen. Es scheint nicht nur zu einem zufälligen Übergang der RNA vom Darm zu kommen: Die chinesischen Wissenschaftler zeigten, dass Zellen die miRNA in kleinen Vesikeln (Bläschen) anreichern und sie dann in höherer Konzentration an andere Zellen weiterreichen können. Im Fütterungsversuch mit Mäusen scheint die miRNA in die Regulierung des Cholesterinstoffwechsels einzugreifen.

Die chinesischen Forscher glauben nachgewiesen zu haben, dass die miRNA, die in den Pflanzen gebildet wird, von Mensch und Tier direkt aus der Nahrung aufgenommen wird – ähnlich wie Vitamine oder Mineralstoffe. Es sind demnach biologisch aktive Substanzen, die direkt in den Stoffwechsel von Mensch und Tier eingreifen können.

Die chinesischen Forscher wollen diese Effekte zu medizinischen Zwecken nutzen. Sie stellen keine gentechnisch veränderten Pflanzen her und warnen auch nicht vor deren Risiken. Trotzdem drängen sich diese Fragen auf: Können von gentechnisch veränderten Pflanzen unbeabsichtigt biologisch aktive Substanzen wie miRNA gebildet werden, die gesundheitlich bedenklich sind?

Diese Publikationen, deren Ergebnisse sehr kontroves diskutiert werden, zeigen, dass die biologischen Mechanismen, die hinter der Wirkung von miRNA stehen, längst noch nicht ausreichend erforscht sind und dass hier auch in Zukunft mit vielen Überraschungen zu rechnen ist. Dies wurde auch bei den Konferenzen, die 2013 und 2014 in der EU und den USA stattfanden, bestätigt: Weder kann man eindeutige Aussagen darüber machen, in welchen Mengen miRNA tatsächlich aus dem Darm aufgenommen wird, noch welche Folgen der Einsatz dieser gentechnisch veränderten Pflanzen für Mensch und Umwelt haben wird. Man weiß noch nicht einmal, wie man die Risiken tatsächlich untersuchen soll. Die Welt der RNAi ist hochdynamisch, interaktiv und äußerst komplex. Die Analyse der Struktur der miRNA reicht keineswegs aus, um ihre Effekte vorherzusagen.

Das ganze System scheint viel mehr auf nicht linearen Effekten zu beruhen als auf klaren Beziehungen zwischen Ursache und Wirkung.

Zwanzig Jahre nach der Zulassung der Anti-Matsch-Tomate zeigt sich also, dass deren tatsächliche Risiken immer noch nicht endgültig beurteilt werden können. Auch weitere Befunde geben Anlass zur Sorge: Immer dann, wenn Pflanzen gentechnisch verändert werden, wird auch dort, wo die DNA in das Erbgut eingebaut wurde, zusätzliche RNA gebildet.

Und es gibt weitere große Wissenslücken, wenn es um die Frage geht, welche Informationen beim Verzehr von Pflanzen auf Mensch und Tier übergehen können: Über die Gentechnik gelangen auch neue DNA-Kombinationen in die Nahrungskette, die über die Futtermittel auch im tierischen Gewebe landen können. Gefunden wurden sie unter anderem in der Milch von Ziegen (Tudisco et al., 2010), in Schweinen (Mazza et al., 2005; Sharma et al., 2006) und in Fischen (Chainark, 2008; Ran et al., 2009), allerdings meist nur in geringen Mengen und nur kurze Abschnitte.

Möglicherweise wurde auf der Grundlage dieser Fütterungsversuche aber das Risiko für Menschen, biologisch wirksame DNA-Abschnitte aus dem Darm aufzunehmen, falsch eingeschätzt. 2013 erschien eine Studie (Spisak et al., 2013), nach der beim Menschen die DNA aus Pflanzen in so großen Abschnitten in die Blutbahn übergehen kann, dass sie noch funktionell wirksam ist. Dabei ist die Aufnahmerate je nach Gesundheitszustand der Menschen unterschiedlich und insgesamt höher als erwartet. Systematische Untersuchungen darüber, in welchem Ausmaß Menschen DNA aus gentechnisch veränderten Pflanzen aufnehmen können und welche Wirkungen daraus resultieren, gibt es bislang nicht.

Bisher ging man auf Grundlage von Untersuchungen an Tieren davon aus, dass die Pflanzen-DNA in kurze Abschnitte zerlegt wird und damit möglicherweise ihre biologische Wirksamkeit verliert. In diesem Zusammenhang gibt es offensichtlich erheblichen Forschungsbedarf: Während beispielsweise Lusk (2014) zur Ansicht gelangt, dass die Ergebnisse von Spisak (2013) durch Kontaminationen verfälscht wurden, gibt es weitere Publikationen, die die Anwesenheit einer großen Vielfalt von miRNA aus Pflanzen und Mikroorganismen im menschlichen Blut bestätigen (siehe Beatty et al., 2014).

Wie der Wurzelbohrer von Bakterien profitiert

Wie erwähnt, will die Firma Monsanto gentechnisch veränderte Pflanzen dazu bringen, kurze, doppelsträngige RNA (dsRNA)-Abschnitte als Pestizide zu produzieren. Damit soll insbesondere der Wurzelbohrer bekämpft werden, eine Käferart, deren Larven erhebliche wirtschaftliche Schäden im Maisanbau verursachen. Dabei soll die dsRNA von den Larven des Wurzelbohrers aufgenommen werden, wenn diese an der Gentechnik-Pflanze frisst. Diese RNA soll dann von Enzymen in der Larve weiterverarbeitet werden, mit der Genregulation der Larven interferieren und schließlich dazu führen, dass die Larve an einem Mangel lebenswichtiger Stoffe zugrunde geht.

Bei den Tests auf den Feldern zeigte sich aber, dass die sogenannte RNAi-Technik bei der Bekämpfung des Wurzelbohrers sehr unterschiedlich wirksam war. Die Mitarbeiter von Monsanto fanden dafür eine überraschende Erklärung, die mit den Ursachen für die starke Ausbreitung des Wurzelbohrers zusammenhängt. Die Ausbreitung des Wurzelbohrers wird vor allem durch jahrelange Monokulturen befördert. Das heißt, Jahr für Jahr wird ohne Fruchtwechsel immer nur Mais auf den Feldern angebaut. Aber der Wurzelbohrer hat inzwischen Überlebensstrategien entwickelt, die ihm sogar dann ein Überleben ermöglichen, wenn auf dem Maisacker doch für ein Jahr lang Soja angebaut wird. Manche Wurzelbohrer können auch dann auf dem Acker überleben und den Mais erneut befallen.

Wie die Untersuchungen von Monsanto zeigten, sind es ausgerechnet die Varianten des Wurzelbohrers, die ein Jahr auf dem Sojaacker überleben können, die auch weniger durch die RNAi geschädigt wurden. Inzwischen glaubt Monsanto, die Ursache gefunden zu haben (Chu et al. 2014): Es sind nicht bestimmte Gene des Wurzelbohrers, die es ihm erlauben, gleichermaßen dem Fruchtwechsel und der RNAi-Technologie zu widerstehen. Vielmehr sind es bestimmte Darmbakterien, die bei manchen Wurzelbohrern zu finden sind und diese über kurze Zeit mit Nährstoffen versorgen können, wenn die eigentlichen Futterquellen versiegen. Der Wurzelbohrer lebt dann nur ein paar Tage länger, aber wohl gerade lange genug, um seine Eier legen zu können. Aus denen schlüpft dann im Folgejahr die nächste Generation, die das Maisfeld erneut befallen kann, auch wenn für ein Jahr lang Soja angebaut wurde. Von denselben Mechanismen können die Larven profitieren, deren Gene per künstlicher RNA blockiert werden und die deswegen ebenfalls einen Mangel leiden – ähnlich wie die Larve des Maiswurzelbohrers auf einem Sojafeld. »Die Natur ist nicht statisch, sondern interaktiv und dynamisch«, wird ein Mitarbeiter des Konzerns zitiert.[30] Trotzdem hält der Konzern seine Technologie weiterhin für präzise, verlässlich und sicher.

Überraschende Stressreaktionen

Umweltstress wie Hitze, Trockenheit, Krankheitsbefall, Nährstoffmangel, Salzbelastung usw. kann dazu führen, dass es zu genetischen Instabilitäten der transgenen Pflanzen kommt. Da die per Gentechnik zusätzlich eingeführte DNA nicht (vollständig) der Kontrolle durch die natürliche Genregulation unterliegt und die Pflanzen nicht an die Produktion der neuen Inhaltsstoffe (wie Insektengifte) angepasst ist, kann Stress dazu führen, dass der Stoffwechsel und die Genregulation der Pflanzen entgleist und diese auf Stresseinwirkungen anders reagieren als konventionell gezüchtete Pflanzen. Dabei können beispielsweise sehr viel mehr der zusätzlichen Proteine produziert werden, als erwartet. Eine Störung der Genregulation kann unter anderem auch eine Schwächung der Pflanzen (erhöhte Krankheitsanfälligkeit, geringerer Ertrag), eine geringere Toleranz gegenüber Stressoren (wie klimatischen Einflüssen), die Bildung ungewollter (antinutritiver, immunogener oder toxischer) Inhaltsstoffe, aber auch eine höhere Fitness (z. B. durch Bildung von mehr Pollen und Samen) zur Folge haben. Kommt es zu Verschiebungen bei der Konzentration der Inhaltsstoffe in den Pflanzen, kann das also dazu führen, dass die Pflanzen nicht mehr als Lebensmittel geeignet sind. Dabei ist es möglich, dass sich unbeabsichtigte Reaktionen gentechnisch veränderter Pflanzen erst unter dem Einfluss bestimmter Umweltbedingungen oder erst nach einigen Generationen zeigen.

30 www.eurekalert.org/pub_releases/2014-03/uoia-son031114.php

Für Aufsehen sorgten (wie erwähnt) bereits die ersten Freisetzungsversuche mit gentechnisch veränderten Pflanzen in Deutschland, lachsroten Petunien. Nach einer Hitzeperiode mit bis zu 36 °C veränderte sich die Blütenfarbe. Waren zunächst aufgrund der gentechnischen Manipulation über 90 Prozent der Blüten stark lachsrot gefärbt, waren es nach den heißen Tagen weniger als 40 Prozent. Diese Veränderung konnte auf eine Stilllegung des eingebauten Gens nach dem Hitzestress zurückgeführt werden (Meyer et al., 1992).

2010 berichteten Wissenschaftler aus der Schweiz über ausgeprägte Effekte bei gentechnisch verändertem Weizen. Während der Weizen unter idealen Bedingungen im Gewächshaus normalen Wuchs und eine verbesserte Resistenz gegen Pilze zeigte, entgleiste der Stoffwechsel der Pflanzen unter Freilandbedingungen. Der Weizen wies einen signifikant höheren Befall mit Mutterkorn auf, einer extrem giftigen Pilzkrankheit. Es kam zu erheblichen Ernteeinbußen von bis zu 50 Prozent (Zeller et al., 2010). Die Wissenschaftler begründeten diese Effekte mit dem Wechsel vom Gewächshaus ins Freiland – offensichtlich kommt es hier zu unerwarteten Wechselwirkungen zwischen der Umwelt und dem Erbgut der Pflanzen. Die Notwendigkeit für weitere Untersuchungen wird betont:

> »(...) bei einer gründlichen Suche nach Literatur bezüglich statistisch abgesicherter Studien über das Verhalten von gentechnisch veränderten Pflanzen im Gewächshaus im Vergleich zum Freiland wurde keine einzige publizierte Studie gefunden.«

Dass die Risiken gentechnisch veränderter Pflanzen nicht statisch sind, sondern von Umweltbedingungen beeinflusst werden können, zeigen auch Untersuchungen an gentechnisch verändertem Mais, der Bt-Insektengift produziert, das ursprünglich in Bodenbakterien vorkommt. In Abhängigkeit von verschiedenen Umwelteinflüssen wie Licht, Dünger und Temperatur schwanken die Bt-Gehalte im gentechnisch veränderten Mais erheblich (Then & Lorch, 2008).

Auch von gentechnisch veränderter Baumwolle ist bekannt, dass ihr Bt-Gehalt von Umwelteinflüssen abhängig ist. Chen et al. (2005) zeigen, dass hohe Temperaturen zu einem geringeren Bt-Gehalt in den Pflanzen führen. Dong & Li (2006) zeigen in einem Übersichtsartikel, dass der Gehalt an Insektengift in den Pflanzen vom Alter der Pflanzen und Umwelteinflüssen abhängig ist.

Dass gentechnisch veränderte Maispflanzen anders auf Umwelteinflüsse reagieren als konventionell gezüchtete Pflanzen, zeigen auch Untersuchungen aus Brasilien: Agapito-Tenfen et al. (2013) fanden bei Mais, der unter unterschiedlichen Umweltbedingungen angebaut wurde, 32 Unterschiede im Proteingehalt im Vergleich zu genetisch ähnlichem (isogenem) konventionell gezüchtetem Mais.

Gertz et al. (1999) berichten darüber, dass gentechnisch veränderte Sojabohnen bei Hitzestress leichter umbrechen als konventionelle Soja. Laut einem Patentantrag der Firma Athenix (WO2007/103768) wird das Enzym, das in Gentechnik-Sojabohnen gebildet wird, um sie gegen das Spritzmittel Glyphosat resistent zu machen, bei höheren Temperaturen unwirksam.

Auch die Versuche an gentechnisch veränderten Kartoffeln zeigen, dass diese unter Stress unerwartete Eigenschaften zeigen können, die unter »Normalbedingungen« nicht zu erkennen sind: Matthews et al. (2005) setzten die Pflanzen einer Reihe von Stressfaktoren aus – unter anderem den Infektionen mit Kartoffelschädlingen. Dabei zeigten sich bei dem Gehalt an Abwehrstoffen in den Pflanzen deutliche Unterschiede im Vergleich zu konventionellen Kartoffeln.

Es gibt also verschiedene Belege dafür, dass gentechnisch veränderte Pflanzen anders auf Stress reagieren können als konventionell gezüchtete Pflanzen. Davon betroffen ist nicht nur die jeweilige spezifische Eigenschaft, sondern es können auch allgemeine Stoffwechselfunktionen betroffen sein. Einige der beobachteten Effekte, wie Gehalt an Insektengift, Gehalt an Alkaloiden, Befall mit Pilztoxinen, möglicher Anstieg allergener Inhaltsstoffe und erhöhtes Ausbreitungspotenzial, sind für die Risikobewertung der Pflanzen wichtig.

Auch für die Einschätzung von Langzeitfolgen sind diese Risiken wichtig: Wenn sich die Pflanzen unkontrolliert in der Umwelt verbreiten, können sich auch die technischen Konstrukte aus dem Genlabor innerhalb der betroffenen Arten und unter verwandten Spezies ausbreiten. Wie sich

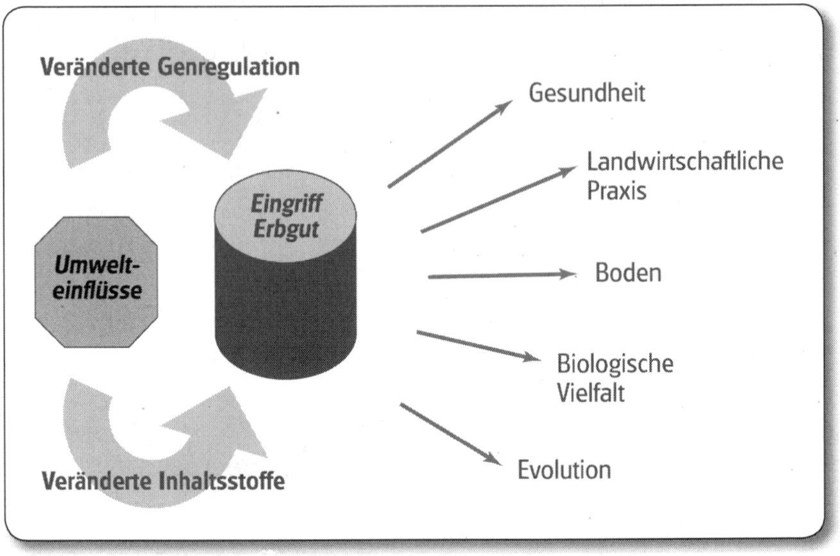

Abbildung 16: Überblick über einige Risiken gentechnisch veränderter Pflanzen unter Berücksichtigung von Wechselwirkungen mit der Umwelt. Quelle: eigene Darstellung.

diese dann im weiteren Verlauf der Evolution oder unter dem Einfluss von veränderten klimatischen Bedingungen verhalten werden, lässt sich nicht vorhersagen.

Insgesamt hat man bei der Bewertung der Risiken das Problem, dass diese nicht vollständig aus den Eigenschaften der einzelnen Komponenten vorhersagbar sind, sondern mit dynamischen, nicht linearen und kombinatorischen Wirkungen gerechnet werden muss. Auch die EU schreibt in ihrer Basisrichtlinie 2001/18 zur Zulassung gentechnisch veränderter Organismen deswegen vor, dass »direkte, indirekte, sofortige oder spätere schädliche Auswirkungen von GVO [gentechnisch veränderten Organismen] auf die menschliche Gesundheit und die Umwelt« berücksichtigt werden müssen. Die korrekte Einschätzung von Unsicherheiten, der Grenzen des Wissens und die Beachtung des Vorsorgeprinzips sind hier entscheidend.

Risiken von insektengiftproduzierenden Bt-Pflanzen

Die in den Gentechnik-Pflanzen eingesetzten Insektengifte stammen aus den Bodenbakterien *Bacillus thuringiensis*, die natürlicherweise einige Hundert dieser Gifte produzieren. Die Giftstoffe werden deswegen als Bt-Toxine bezeichnet. In gentechnisch veränderten Pflanzen kommen über ein Dutzend dieser Bt-Toxine zum Einsatz. Jedes dieser Gifte hat spezielle Wirkmechanismen, weswegen sie hinsichtlich ihrer Giftigkeit für bestimmte Gruppen von Insekten (wie Käfer, Nacktflügler oder Schmetterlinge) unterschieden werden. Die Wirkungsmechanismen werden aber nicht im Detail verstanden, zum Teil widersprechen sich die Theorien über die Wirkungsweise sogar (Pigott & Ellar, 2007). Bei einigen der Bt-Toxine, die in den Gentechnik-Pflanzen verwendet werden, gibt es gar keine detaillierten Untersuchungen über die Wirkungsmechanismen. Damit ist auch ihre »Zielgenauigkeit« fraglich, sie könnten für wesentlich mehr Lebewesen giftig sein, als bisher angenommen wird (van Frankenhuyzen, 2009). Zu berücksichtigen ist auch, dass die DNA dieser Giftstoffe vor ihrem Einbau in die Pflanzen in der Regel erheblich verändert wird. Das geht so weit, dass in den Pflanzen künstliche Toxine produziert werden, die in der Natur so nicht vorkommen. Damit ergeben sich in Bezug auf die Ungefährlichkeit der Giftstoffe erhebliche Unsicherheiten.

Jedes der Bt-Toxine müsste unter anderem hinsichtlich der Giftigkeit für Mensch und Umwelt, der Wechselwirkungen mit anderen Stressoren und der Abbaurate in der Umwelt untersucht werden. Doch in der Mehrzahl fehlen verlässliche Daten.

Die Bt-Insektengifte können auf verschiedene Art und Weise wirken. Es gibt mehrere Hinweise darauf, dass die Bt-Toxine auch Mensch und Tier schaden können (Thomas & Ellar, 1983; Shimada et al., 2003; Huffmann et al., 2004; Ito et al., 2004; Mesnage et al., 2012; Bondzio et al., 2013). Dabei können Wechselwirkungen mit anderen Stressoren (wie Herbiziden) ihre Giftigkeit erheblich verstärken (Kramarz et al., 2007; Then, 2010).

Überraschenderweise kann die Giftigkeit der Bt-Toxine stark variieren. Die biologische Wirksamkeit kann sich schon durch geringe Abweichungen in der Struktur der Proteine verändern. Aber sogar wenn diese gleich

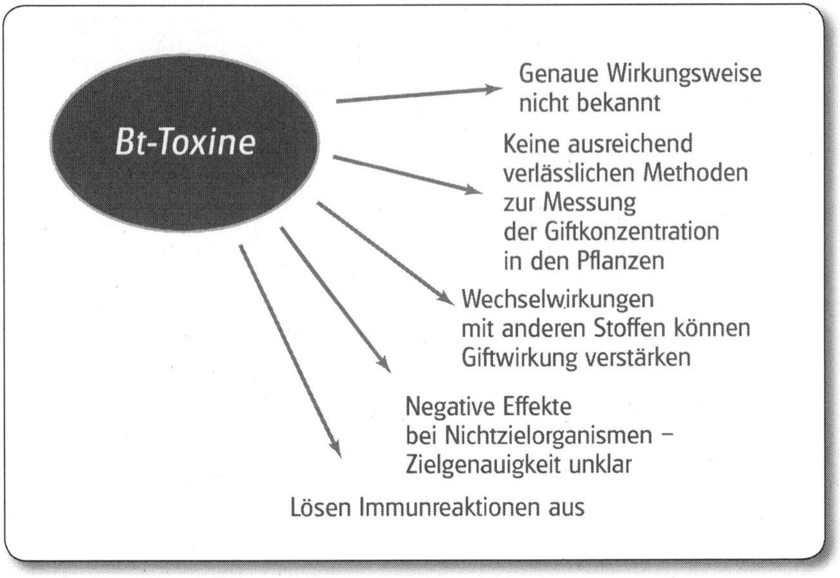

Abbildung 17: **Einige Probleme bei der Abschätzung der Risiken von Bt-Pflanzen.**
Quelle: eigene Darstellung.

bleibt, kann die Giftigkeit der Bt-Toxine je nach Hersteller um ein Vielfaches höher sein als erwartet (Saeglitz et al., 2008). Eingehende Untersuchungen wurden dazu nie durchgeführt – bislang fehlen sogar standardisierte Methoden, um den Giftgehalt in den Pflanzen zuverlässig bestimmen zu können (Székács et al., 2011).

Unter anderem haben Bt-Toxine auch immunverstärkende Wirkung, sie werden deswegen zum Teil sogar in Impfstoffen zur Verstärkung der Immunreaktion eingesetzt. Bei Fütterungsversuchen mit gentechnisch veränderten Pflanzen stellte man bei verschiedenen Tierarten fest, dass die gentechnisch veränderten Pflanzen Reaktionen des Immunsystems auslösen können. Dies wurde unter anderem bei Fischen (Sagstad et al., 2007; Gu et al., 2012), Schweinen (Walsh et al., 2011), Mäusen (Finamore et al., 2008; Adel-Patient et al., 2011) und Ratten (Kroghsbo et al., 2008) beobachtet. Auch der Konzern Monsanto (2011) vermerkt, dass Bt-Toxine, die in gentechnisch veränderten Pflanzen gebildet werden, Immunreaktionen bei Mäusen hervorrufen können.

Bedenklich ist, dass Bt-Proteine inzwischen sogar in Sojapflanzen eingebaut werden (siehe Testbiotech, 2012). Die Sojabohnen enthalten bereits natürlicherweise eine Vielzahl von Eiweißstoffen, die Allergien auslösen können. Durch die Kombination mit den Bt-Toxinen können allergische Reaktionen verstärkt werden. Auch beim Mais sind allergene Stoffe bekannt. Die immunverstärkende Wirkung von Bt-Giften könnte sich aber auch auf andere Bestandteile der Nahrung auswirken, die zufällig zusammen mit diesen aufgenommen werden.

Anders als ursprünglich angenommen werden die Bt-Insektengifte im Darm nicht schnell abgebaut, sondern sie können die Passage durch den

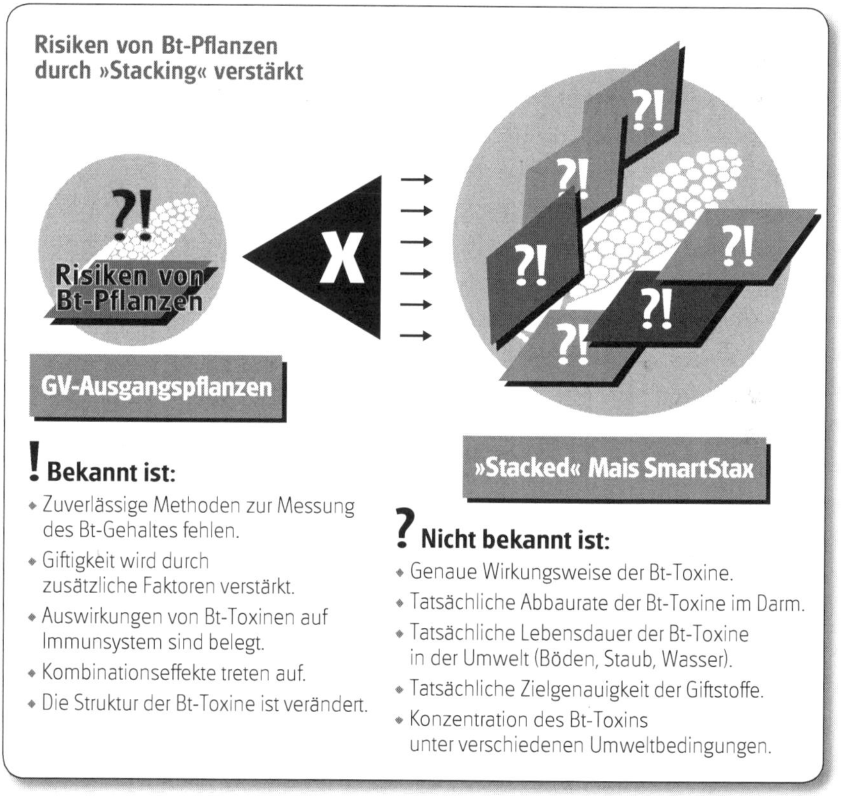
Risiken von Bt-Pflanzen
durch »Stacking« verstärkt
?!
Risiken von Bt-Pflanzen
X
GV-Ausgangspflanzen
»Stacked« Mais SmartStax
! Bekannt ist:
Zuverlässige Methoden zur Messung des Bt-Gehaltes fehlen.
Giftigkeit wird durch zusätzliche Faktoren verstärkt.
Auswirkungen von Bt-Toxinen auf Immunsystem sind belegt.
Kombinationseffekte treten auf.
Die Struktur der Bt-Toxine ist verändert.
? Nicht bekannt ist:
Genaue Wirkungsweise der Bt-Toxine.
Tatsächliche Abbaurate der Bt-Toxine im Darm.
Tatsächliche Lebensdauer der Bt-Toxine in der Umwelt (Böden, Staub, Wasser).
Tatsächliche Zielgenauigkeit der Giftstoffe.
Konzentration des Bt-Toxins unter verschiedenen Umweltbedingungen.

Abbildung 18: Probleme bei der Abschätzung der gesundheitlichen Risiken am Beispiel von SmartStax. Quelle: eigene Darstellung.

Darm in relativ großen Mengen überstehen (Chowdhury et al., 2003; Walsh et al., 2011). Damit besteht während der Verdauung ausreichend Zeit für alle möglichen Wechselwirkungen zwischen den verschiedensten Bestandteilen der Nahrungspflanzen, um Allergien und Immunreaktionen hervorzurufen oder zu verstärken. Durch die immunverstärkende Wirkung der Bt-Proteine kann es beispielsweise auch dazu kommen, dass bekannte Nahrungsmittelallergien (wie z. B. gegen Eiweißstoffe in Sojabohnen), verstärkt werden oder zunehmen. So können zum Beispiel entzündliche Darmkrankheiten durch den Mais verstärkt oder ausgelöst werden.

Wie bereits erwähnt, werden durch Kreuzung verschiedener gentechnisch veränderter Pflanzen neue Kombinationspflanzen (Stacked Events) hergestellt, die dadurch mehrere Bt-Toxine enthalten. So werden in SmartStax, einem gentechnisch veränderten Mais von Monsanto und Dow, sechs verschiedene Insektengifte produziert. In viele insektengiftige Gentechnik-Pflanzen werden zusätzlich Gene für eine Toleranz gegenüber Unkrautvernichtungsmitteln wie Glyphosat (bekannt als »Roundup«) eingebaut. In SmartStax sind das Toleranzen gegen die Herbizide Glyphosat und Glufosinat. In diesen Pflanzen finden sich dann Rückstände und Abbaustoffe dieser Herbizide und ihrer Zusatzstoffe. Hier können Wechselwirkungen mit den Bt-Toxinen oder anderen Inhaltsstoffen der Pflanzen auftreten. Doch bei der Zulassungsprüfung werden die Rückstände aus Pestiziden bislang kaum einbezogen – und daher spezifische Wechselwirkungen in den gentechnisch veränderten Pflanzen nicht geprüft.

Unkontrollierte Ausbreitung in der Umwelt

In mehreren Fällen scheint die Kontrolle über die Ausbreitung gentechnisch veränderter Pflanzen bereits verloren. Insbesondere betrifft dies Freisetzungen und großflächigen Anbau von gentechnisch veränderten Pappeln (China), Raps (USA), weißem Straußgras (USA), Reis (China), Baumwolle (Mexiko) und Mais (Mexiko) (siehe Bauer-Panskus et al., 2013).

Das Problem kann auch die EU betreffen: Ein besonderes Potenzial zur unkontrollierten Ausbreitung in Europa hat Raps. Raps hat in Europa nicht nur natürliche Kreuzungspartner wie Ackersenf, sondern kann selbst zu

»Unkraut« werden. Das Rapssaatgut (die Körner, die auch zur Gewinnung von Öl geerntet werden) kann über einen Zeitraum von mehr als zehn Jahren im Boden verbleiben (Samenruhe), ohne seine Keimfähigkeit zu verlieren. Der Pollen der Pflanzen kann über Kilometer mit dem Wind oder Insekten verbreitet werden. Raps kann überwintern, außerhalb von Ackerflächen wachsen und breitet sich entlang von Transportrouten wie Bahngleisen oder Zufahrten zu Ölmühlen aus, wenn Körner während des Transportes verloren gehen. Raps ist persistent (er kann in der Umwelt überdauern) und er verhält sich unter geeigneten Bedingungen invasiv (er kann sich über die Ackerflächen hinaus in der Umwelt verbreiten). Großflächiger Anbau von gentechnisch verändertem Raps, aber auch der bereits erlaubte Import von Rapskörnern zur Futtermittelproduktion kann in Europa dazu führen, dass sich dessen Erbgut unkontrolliert und möglicherweise dauerhaft ausbreitet. Für die USA und Kanada wurde dies teilweise bereits dokumentiert (Schafer et al., 2011).

Im Vergleich hat zum Beispiel gentechnisch veränderter Mais wenig Chancen, sich in Europa unkontrolliert auszubreiten. Sein Pollen kann zwar die Maisernte auf dem Nachbaracker kontaminieren, aber dies führt kaum zu einer Ausbreitung in der Umwelt. Dagegen ist der Anbau von Gentechnik-Mais in Mexiko in dieser Hinsicht viel bedenklicher – Mexiko ist eines der Ursprungsländer des Maises, dort wachsen Wildformen und viele regionale Sorten, in denen sich das Erbgut aus dem Genlabor dauerhaft ausbreiten kann.

Ein besonderes Risikopotenzial haben gentechnisch veränderte Bäume:

- Der Lebensraum von Bäumen ist nicht der Acker, sondern besonders sensible Ökosysteme wie Wälder und Auen. Hier besteht ein besonderes Risiko der unkontrollierten Ausbreitung und für vielfältige Wechselwirkungen mit der Umwelt.
- Die lange Lebenszeit der Bäume und ihre große genetische Variabilität begünstigen genetische Instabilität und das Auftreten unerwarteter Effekte.
- Durch die lange Lebenszeit besteht über Jahre eine dauerhafte Einwirkung auf Böden, Nahrungsnetze und andere Ökosysteme.

- Bäume haben ein oft gewaltiges Ausbreitungspotenzial. Viele Baumarten bilden riesige Mengen an Pollen und Samen, die über viele Kilometer verfrachtet werden können. Bei manchen Bäumen besteht zudem die Möglichkeit, dass sie sich über Schösslinge, Wurzelbrut und Aststücke/ Stecklinge verbreiten können.

Das Ausbreitungsrisiko von Bäumen kann am Beispiel der Pappel verdeutlicht werden, die zum »Lieblingsbaum« der Gentechniker geworden ist: Pro Baum und Jahr können etwa 25 bis 50 Millionen Samen gebildet werden. Nach wissenschaftlichen Untersuchungen (Rathmacher et al., 2010) wurde Samentransport per Wind über zwei Kilometer, Pollentransport über acht Kilometer nachgewiesen. Zudem findet eine Verbreitung über Flussläufe statt, Samen und Schösslinge können so über viele Kilometer verfrachtet werden. Verschiedene Pappelarten können miteinander hybridisieren und auch über Stecklinge vermehrt werden. Nach einer Baumfällung können Wurzelschösslinge noch nach Jahren spontan nachwachsen. Ein kommerzieller Anbau gentechnisch veränderter Pappeln mit über einer Million gentechnisch veränderter Bäume, wie er seit über zehn Jahren in China stattfindet, ist räumlich und zeitlich nicht kontrollierbar. Kommt es zu Schäden in ökologischen Systemen oder zu Auskreuzungen in wilde Pappelbestände, kann es für wirksame Gegenmaßnahmen längst zu spät sein.

Wie groß der tatsächliche Schaden durch die Ausbreitung der Pflanzen in der Umwelt im Einzelnen sein wird, lässt sich schwer vorhersagen. Eine mögliche Abschätzung ergibt sich durch den Vergleich mit neuartigen Spezies (Neophyten) in der Umwelt: Es sind zahlreiche Fälle von »exotischen« Arten dokumentiert, die sich in den letzten Jahren in den Ökosystemen ausgebreitet haben, ohne dort zu einem wahrnehmbaren Schaden zu führen. Nur ein kleiner Prozentsatz kann überhaupt dauerhaft überleben. Aber einige Arten überleben doch, breiten sich aus und verursachen tatsächlich ökologischen Schaden – der dann aber erheblich sein kann.[31]

Anders als bei den Neophyten tragen die gentechnisch veränderten Pflanzen aber ein technisches DNA-Konstrukt in sich, das nicht der na-

31 Auf www.europe-aliens.org/ sind viele dieser Fälle dokumentiert.

türlichen Genregulation in den Pflanzenzellen unterliegt. Das kann dazu führen, dass es unter dem Einfluss des Klimawandels oder in Reaktion auf andere Stressfaktoren zu unerwarteten Effekten in den Pflanzen kommt, die neue Risiken für die Umwelt bedeuten.

Was heißt das in Bezug auf die Risiken gentechnisch veränderter Pflanzen, deren Vermehrung weder zeitlich noch räumlich kontrolliert werden kann?

In jedem Fall müssen bei einer Risikoabschätzung evolutionäre Dimensionen berücksichtigt werden. Laut Breckling[32] wäre eine Abschätzung der Langzeitfolgen nicht möglich, da es bei langen Zeiträumen auch für Ereignisse mit einer extrem niedrigen Wahrscheinlichkeit eine ernst zu nehmende Chance gibt, dass diese doch eintreten. Zudem kann sich die Überlebens- und Vermehrungsfähigkeit der transgenen Organismen in Abhängigkeit von bestimmten Umweltbedingungen um mehrere Größenordnungen verschieben und eine großflächige Ausbreitung ermöglichen, ohne dass man dieses vorhersagen kann. Angesichts dieser Dimensionen ist zu befürchten, dass wir ein Langzeitexperiment begonnen haben, das sich der Kontrolle durch den Menschen längst entzieht.

Freisetzungen von gentechnisch veränderten Organismen (GVOs), die räumlich und zeitlich nicht kontrolliert werden können, sind in der EU auch ein rechtliches Problem. Im Kern sind diese ein Verstoß gegen das Vorsorgeprinzip. Dieses ist die Basis der Risikobewertung und des Risikomanagements bei der Freisetzung und Inverkehrbringung gentechnisch veränderter Organismen in der EU (Artikel 1 der Dir. 2001/18). Auf der Grundlage des Vorsorgeprinzips können zwar gentechnisch veränderte Organismen (GVO) in Verkehr gebracht werden, auch wenn noch Unsicherheiten bezüglich deren tatsächlichen Risiken für Mensch und Umwelt bestehen. Die GVOs müssen aber in jedem Fall durch ein Monitoring überwacht werden. Sobald sich dabei Erkenntnisse für eine tatsächliche Gefährdung von Mensch und Umwelt ergeben, müssen Notfallmaßnahmen ergriffen werden (EU-Richtlinie 2001/18, Art. 23):

32 GMLS-Konferenz in Bremen, 2012, http://www.gmls.eu/

» Die Mitgliedstaaten stellen sicher, dass im Falle einer ernsten Gefahr Notfallmaßnahmen, beispielsweise die Aussetzung oder Beendigung des Inverkehrbringens, getroffen werden, einschließlich der Unterrichtung der Öffentlichkeit.«

Zudem gilt die Bewilligung der Marktzulassung nur für zehn Jahre (Art. 15 [4] der Richtlinie 2001/18). Nach zehn Jahren muss die Zulassung erneut überprüft werden – treten neue Sachverhalte auf, kann oder muss die Zulassung gegebenenfalls verweigert werden. Verliert der gentechnisch veränderte Organismus seine Zulassung, muss er wieder aus der Umwelt entfernt werden (Art. 4 [5] und 17 der Richtlinie 2001/18).

Die Freisetzung oder Inverkehrbringung von gentechnisch veränderten Organismen, deren Ausbreitung nicht kontrolliert werden kann, stehen mit diesen Bestimmungen grundsätzlich in Konflikt. Das Vorsorgeprinzip, wie es in der Richtlinie 2001/18 verankert ist, kann nur funktionieren, wenn in Fällen, in denen dies notwendig erscheint, auch tatsächlich Maßnahmen ergriffen werden können. Damit ist die Rückholbarkeit (zeitliche und räumliche Kontrollierbarkeit) von gentechnisch veränderten Organismen eine entscheidende Voraussetzung dafür, dass Vorsorge überhaupt betrieben werden kann. Wenn ein GVO nicht mehr aus der Umwelt zurückgeholt werden kann, läuft das Vorsorgeprinzip faktisch ins Leere. Damit ist die Rückholbarkeit als eine obligatorische Voraussetzung für jegliche Freisetzung oder Inverkehrbringung gentechnisch veränderter Organismen anzusehen. Daraus folgt, dass Freisetzungen mit gentechnisch veränderten Organismen, deren Ausbreitung nicht kontrolliert werden kann, rechtlich nicht zulässig sind. Derartige Freisetzungen sind zudem ein Verstoß gegen Artikel 17 der Internationalen Konvention über die biologische Vielfalt (CBD), der eine Verbringung von gentechnisch veränderten Organismen über Landesgrenzen nur nach ausdrücklicher Genehmigung erlaubt.

Wie werden die Risiken untersucht?

Grundsätzlich wird mit der Einführung gentechnisch veränderter Pflanzen eine neue Qualität der Ungewissheit erreicht: Die technisch manipulierten Pflanzen unterliegen nicht linearen, komplexen Wechselwirkungen, die sich nicht verlässlich aus den Eigenschaften konventionell gezüchteter Pflanzen ableiten lassen. Da die gentechnisch veränderten Pflanzen in die Umwelt freigesetzt werden und auch als Lebensmittel Verwendung finden sollen, betreffen diese Unwägbarkeiten eine zahlenmäßig und zeitlich nicht begrenzte Gruppe von Menschen und große Teile der Umwelt. Deswegen müsste eine Risikoabschätzung so sorgfältig durchgeführt werden, dass Risiken mit an Sicherheit grenzender Wahrscheinlichkeit ausgeschlossen werden können.

Laut der Gesetzgebung der Europäischen Union (Richtlinie 178/2002, Richtlinie 1829/2003 und Verordnung 2001/18) ist es ein vorrangiges Ziel,

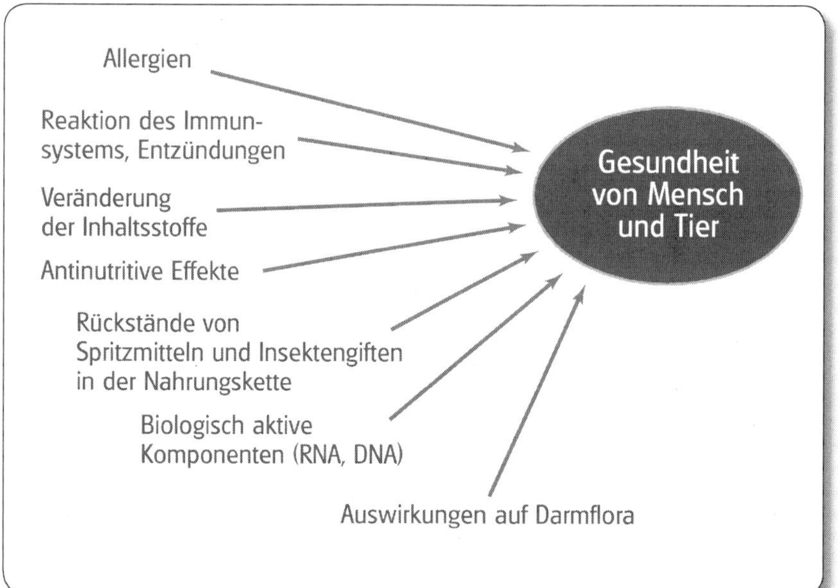

Abbildung 19: Schematische Darstellung gesundheitlicher Risiken gentechnisch veränderter Pflanzen. Quelle: eigene Darstellung.

ein hohes Maß an Umwelt- und Verbraucherschutz zu gewähren. Im Fall von Ungewissheiten soll das Vorsorgeprinzip zur Anwendung kommen. So heißt es beispielsweise in Verordnung 178/2002, die die Basisrichtlinie für Lebensmittelsicherheit ist: »Die Risikobewertung beruht auf den verfügbaren wissenschaftlichen Erkenntnissen und ist in einer unabhängigen, objektiven und transparenten Art und Weise vorzunehmen.« In der Verordnung 1829/2003 zur Prüfung von Lebens- und Futtermitteln, die die Grundlage für die Risikobewertung von Importanträgen für Gentechnik-Futtermittel und Lebensmittel ist, wird gefordert: »Daher sollten genetisch veränderte Lebensmittel und Futtermittel nur dann für das Inverkehrbringen in der Gemeinschaft zugelassen werden, wenn eine den höchstmöglichen Anforderungen standhaltende wissenschaftliche Bewertung aller damit verbundenen Risiken für die Gesundheit von Mensch und Tier beziehungsweise für die Umwelt unter der Verantwortung der Europäischen Behörde für Lebensmittelsicherheit (›Behörde‹) durchgeführt worden ist.« (Erwägungsgrund 9). Und die EU-Richtlinie 2001/18, die die Freisetzung gentechnisch veränderter Organismen regelt, verlangt die Untersuchung von »direkten, indirekten, sofortigen oder späteren schädlichen Auswirkungen« der gentechnisch veränderten Pflanze auf die menschliche Gesundheit und die Umwelt (Anhang II) auf der Basis des Vorsorgeprinzips.

In der Praxis wird aber nur ein wesentlich niedrigeres Sicherheitsniveau erreicht: Da die Risiken sich mit den üblichen wissenschaftlichen Untersuchungen oft nicht abschließend klären lassen, greift man oft auf fragwürdige Methoden der Vereinfachung und Analogieschlüsse zurück.

Aufgabe der Europäischen Lebensmittelbehörde (EFSA) ist es, Anträge auf Zulassung gentechnisch veränderter Pflanzen gemäß den Vorgaben der EU-Regeln zu prüfen. Die EFSA wendet das Konzept der vergleichenden Risikoprüfung oder auch »substanziellen Äquivalenz« (etwa: wesentliche Gleichwertigkeit) an, das in Zusammenarbeit mit der Industrie entwickelt wurde. Dabei wird angenommen, dass die gentechnisch veränderten Pflanzen – abgesehen von der zusätzlich eingebauten DNA – denen aus der konventionellen Zucht ähnlich und im Wesentlichen gleichwertig sind. Diese Hypothese steht mit den naturwissenschaftlichen Tatsachen nicht in Einklang: Wie unter anderem Reaktionen von gentechnisch veränderten Pflanzen auf Stresseinflüsse zeigen, muss man davon ausgehen, dass gentechnisch veränderte Pflanzen sich in Bezug auf ihre Genregulierung, ihren Stoffwechsel und in ihrer Reaktion auf die Umwelt von konventionellen Pflanzen deutlich unterscheiden können.

Bei der vergleichenden Risikoprüfung werden die transgenen Pflanzen oft nur über eine Vegetationsperiode und an wenigen Standorten zusammen mit ihren Ausgangspflanzen angebaut. Gleichzeitig werden an diesen Standorten auch mehrere weitere Sorten zum Vergleich angebaut. Dadurch entsteht eine relativ große Datenmenge, die relevante Unterschiede zwischen den eigentlichen Ausgangspflanzen und den GV-Pflanzen überdecken kann. Zudem werden oft noch »historische Daten« herangezogen, das heißt Ergebnisse aus Anbauversuchen, die mit der aktuellen Anmeldung nichts zu tun haben. Das System lässt so einen sehr großen Ermessensspielraum zu. Auch bei statistisch signifikanten Unterschieden hängt es von den jeweiligen Prüfern ab, ob bestimmte Unterschiede zwischen gentechnisch veränderten Pflanzen und konventionell gezüchteten Pflanzen als wesentlich oder unwesentlich angesehen werden.

Liegen die Abweichungen zwischen den Gentechnik-Pflanzen und ihren Ausgangssorten (isogenen Linien) innerhalb der Streubreite dieser Datenmenge, werden die gentechnisch veränderten Pflanzen in der Regel als »im Wesentlichen gleichwertig« mit den Ausgangspflanzen angesehen – auch wenn sich im direkten Vergleich deutliche Unterschiede zeigen.

Auf der Grundlage dieser Prüfung werden die gentechnisch veränderten Pflanzen von der EFSA in der Regel als »im Wesentlichen gleichwertig« mit den Ausgangspflanzen angesehen. Auch wenn sich im Vergleich deutliche Unterschiede zeigen, werden keine weiteren detaillierten Untersuchungen der Unterschiede zwischen Gentechnik-Pflanze und ihrer Ausgangspflanze verlangt. Auch weitergehende Untersuchungen wie Fütterungsstudien werden dann als unnötig erachtet. Im Ergebnis wird so nur eine Art schneller Check-up durchgeführt, bei dem zum Beispiel weder Fütterungsversuche mit den Pflanzen noch eingehende Untersuchungen der Wechselwirkungen der Pflanzen mit der Umwelt (Stresstest) vorgeschrieben sind. Auch auf neuere Untersuchungsmethoden wie Messungen der Veränderungen der Genaktivität und des Stoffwechsels der Pflanze wird ganz verzichtet.

Ein weiteres Problem: Die meisten Studien stammen von der Industrie, unabhängige Kontrollen fehlen in vielen Fällen. Oft fehlen unabhängige Untersuchungen zu einzelnen Produkten komplett. Die von der Industrie eingereichten Daten wurden oft unmittelbar von deren Angestellten erhoben. Auffällige Untersuchungsergebnisse müssen den Behörden nicht vorgelegt werden. Die Standards, die normalerweise für wissenschaftliche Publikationen gelten, werden oft nicht eingehalten. Manche der eingereich-

Stichprobenartiger Vergleich der Inhaltsstoffe
von Gentechnik-Pflanzen mit denen der Ausgangslinien.
Grundlage: Daten der Industrie.
Regelmäßiges Urteil
der EFSA:
Gefundene Unterschiede sind
»biologisch nicht relevant«.
Detaillierte Prüfung der Gentechnik-Pflanze entfällt,
sie gilt als »gleichwertig« mit konventioneller Züchtung.
Nur vereinfachter »Check-up«,
keine umfassenden Untersuchungen.
Kein Monitoring gesundheitlicher
Auswirkungen nach Marktzulassung.

Abbildung 20: Schematische Übersicht über Risikoabschätzung gesundheitlicher Risiken durch die Europäische Lebensmittelbehörde EFSA: Zum Einsatz kommt die sogenannte vergleichende Risikoabschätzung. Die vorgelegten Daten stammen meist von der Industrie. Quelle: eigene Darstellung.

ten Studien der Industrie sind sogar so schlecht gemacht, dass sie von der EFSA zurückgewiesen werden, so zum Beispiel Versuche, bei denen das Futter der Kontrolltiere mit gentechnisch veränderten Pflanzen verunreinigt war. Statt bessere Studien zu verlangen, verzichtet die EFSA in diesen Fällen oft ganz auf Daten aus Fütterungsversuchen.

Auch auf scheinbar unabhängige Publikationen ist oft kein Verlass: Nach einer Untersuchung der Veröffentlichungen zum gentechnisch veränderten Mais 1507 (Bauer-Panskus & Then, 2014) wurde die große Mehrzahl der in wissenschaftlichen Journalen publizierten Studien von industrienahen Kreisen verfasst. Manche der Autoren hatten sogar entsprechende Patente mit der Industrie angemeldet, ohne dies in den jeweiligen Publikationen anzugeben. Ein Mangel an unabhängigen Untersuchungen ist aber kein Grund für die EFSA, entsprechende Anträge zurückzuweisen.

Ein anderes Konzept der Risikobewertung käme zum Einsatz, wenn man davon ausgehen würde, dass gentechnisch veränderte Pflanzen im Vergleich mit den Pflanzen aus der konventionellen Züchtung als grundsätzlich unterschiedlich anzusehen sind. In der Risikobewertung müssten gentechnisch veränderte Pflanzen dann umfassend und ohne Vorannahmen geprüft werden. Auch die EFSA selbst macht dies in ihren Richtlinien deutlich:

> »Wenn kein Vergleichspartner identifiziert werden kann, kann man keine vergleichende Risikoprüfung durchführen und eine umfassende Untersuchung der Sicherheit und der Nahrungsmittelqualität der gentechnisch veränderten Pflanze und der daraus hergestellten Lebens- und Futtermittel sollte durchgeführt werden.« (EFSA, 2011)

Da viele Risiken nicht abschließend beurteilt werden können, wäre eine genaue Beobachtung der Auswirkungen des Verzehrs der Pflanzen nach ihrer Marktzulassung wichtig. Da es aber keine Kennzeichnung und Rückverfolgbarkeit der Ware im Lebensmittelmarkt der USA gibt, wo Gentechnik die größte Rolle spielt, gibt es auch keine Möglichkeit zur Erfassung etwaiger gesundheitlicher Auswirkungen. Schon 2005 stellte die EU-Kommission fest, dass man aufgrund der vorliegenden Daten lediglich ausschließen könne, dass es zu akuten Krankheitssymptomen beim Verzehr der Pflanzen komme – inwieweit aber chronische Krankheiten wie Krebs und Allergien befördert werden, ist unbekannt:

> »(...) das Fehlen jeglicher Marktbeobachtung und daraus resultierend das Fehlen jeglicher Angaben über Exposition der Verbraucher und deren Bewertung bedeutet, dass keinerlei Daten über den Verzehr dieser Produkte verfügbar sind – wer wann was gegessen hat. (...) [Da] alle entsprechenden Daten fehlen, kann im Hinblick auf häufige chronische Krankheiten wie Allergien und Krebs keinerlei Aussage darüber getroffen werden, ob die Einführung gentechnisch veränderter Produkte irgendwelche Effekte auf die menschliche Gesundheit hatte.« (European Communities, 2005).

Letztendlich bleiben bezüglich der Risiken von Gentechnik-Pflanzen offene Fragen, die auch unter Wissenschaftlern kontrovers diskutiert werden. Daher muss man abwägen, wie viele Risiken und Unsicherheiten bei der Produktion von Lebensmitteln akzeptabel sind. Die Entscheidung über Marktzulassungen wird in der EU letztlich nicht von den Wissenschaftlern, die die Risikobewertung vornehmen, getroffen, sondern auf der politischen Ebene. Diese hat sich um das Risikomanagement zu kümmern und trägt letztlich die Verantwortung für die Zulassung gentechnisch veränderter Pflanzen in Lebensmittelherstellung und Landwirtschaft.

Tabelle 5: Zentrale Elemente der Risikoprüfung der EFSA und einige ihrer Schwächen.
Quelle: eigene Darstellung.

Beschreibung der Veränderung im Genom (»molecular characterisation«)	Es wird geprüft, wo die zusätzliche DNA im Erbgut der Pflanzen inseriert ist, ob es zu ungewollten strukturellen Veränderungen im Erbgut gekommen ist und ob zu erwarten ist, dass unbeabsichtigt zusätzliche RNA oder Eiweiße gebildet werden. Dabei werden aber Methoden wie metabolic profiling (Untersuchung der Stoffwechselprodukte) bisher nicht eingesetzt.
Vergleichende Untersuchung von Inhaltsstoffen und Eigenschaften der Pflanzen (»comparative analysis«)	Hier werden Inhaltsstoffe und agronomische Merkmale mit denen der isogenen Pflanzen verglichen. Dazu müssen die Pflanzen unter gleichen Umweltbedingungen angebaut werden. Dabei werden aber auch andere, zum Teil »historische« Referenzdaten mit einbezogen. Durch die zusätzlichen Daten kann ein statistisches Grundrauschen verursacht werden, durch das die eigentlich relevanten Effekte überdeckt werden. Nicht systematisch geprüft werden die Reaktionen der Pflanzen auf Umweltstress wie Trockenheit oder Pflanzenkrankheiten.
Überprüfung möglicher gesundheitlicher Auswirkungen (»toxicology«)	Es werden Fütterungsversuche mit hohen Dosierungen des isolierten Proteins durchgeführt. Viele Firmen legen zudem Daten aus 90-tägigen Fütterungsversuchen mit Ratten vor. Diese sind nicht vorgeschrieben und werden insbesondere bei Stacked Events auch nur selten durchgeführt. Die Aussagekraft dieser Studien ist umstritten. Nicht verlangt werden Fütterungsversuche über die Lebenszeit der Tiere oder über mehrere Generationen. Auch systematische In-vitro-Untersuchungen auf Zellkulturen werden nicht verlangt.
Überprüfung allergener Wirkungen (»allergenicity«)	Durchgeführt werden Verdauungstests (Pepsin-Test) mit dem isolierten Protein, um festzustellen, ob das Protein die Magen-Darm-Passage übersteht oder ob es rasch verdaut wird und daher eine Sensibilisierung unwahrscheinlich ist. Diese Tests sagen aber nichts darüber aus, wie lange das Protein, wenn es zusammen mit den Pflanzen aufgenommen wird, tatsächlich im Magen-Darm-Trakt vorhanden ist. So sind Bt-Toxine, die im Pepsin-Test (Verdauungstest im Labor) rasch abgebaut werden, nach der Verfütterung von gentechnisch verändertem Mais unter anderem bei Schweinen auch im Enddarm noch in relativ hohen Konzentrationen nachweisbar. Es werden zudem Datenbanken, in denen bekannte Allergene gespeichert sind, nach Ähnlichkeiten in der Abfolge der Aminosäuren abgefragt. Finden sich keine Ähnlichkeiten, geht man davon aus, dass das allergene Risiko gering ist. Mit dieser Methode können nur bereits bekannte Allergien erfasst werden.

	Manche Firmen legen Untersuchungen mit Blutproben von Patienten vor, von denen bekannt ist, dass sie an Allergien gegen pflanzliche Eiweißstoffe leiden, um zu sehen, ob diese Immunreaktionen verstärkt werden. Dabei wären allerdings große Zahlen von Testpersonen nötig, die im Regelfall nicht zum Einsatz kommen. Andere Reaktionen des Immunsystems, die nicht auf Allergien beruhen, werden bei den Untersuchungen nicht einbezogen.
Untersuchung der Nährstoffqualität (»nutritional assessment«)	Hier werden oft Fütterungsstudien mit Geflügel durchgeführt und Parameter wie Zunahmen und Schlachtgewicht überprüft. Daraus können aber keine Aussagen über gesundheitliche Auswirkungen gewonnen werden. Vielmehr geht es um wirtschaftliche Merkmale wie die Mastleistung.
Überprüfung von Umweltrisiken (»environmental risk assessment«)	Die Prüfung der Umweltrisiken baut auf der Prüfung für Lebensmittelsicherheit auf. Da in Abhängigkeit von den Eigenschaften der gentechnisch veränderten Pflanzen unterschiedliche Auswirkungen auf alle möglichen Bereiche der Umwelt geprüft werden müssen, kann der Schwerpunkt der Risikobetrachtung von Fall zu Fall unterschiedlich sein. Während bei den insektengiftproduzierenden Pflanzen die Auswirkungen auf die sogenannten Nichtziel-(Non-target-)Organismen (wie geschützte Schmetterlinge oder nützliche Insekten) im Vordergrund stehen (siehe z. B. den Mais MON810), werden bei herbizidtoleranten Pflanzen (siehe z. B. die glyphosatresistente Soja 40-3-2 »Roundup Ready Soja«) eher die Auswirkungen des Anbaus auf Biodiversität, Resistenz bei Unkräutern, Pflanzengesundheit und Böden diskutiert. Das Problem der Prüfung der Umweltrisiken liegt unter anderem darin, dass meist nur Daten über kurze Zeiträume und kleine Flächen vorliegen, die dann auf den Anbau auf Tausenden von Hektar extrapoliert werden, wobei Wechselwirkungen mit anderen Stressoren (Pestiziden, Pflanzenkrankheiten, Klimawandel) und regionalen Besonderheiten der Ökosysteme meist außen vor bleiben.

7 Auswirkungen des Anbaus gentechnisch veränderter Pflanzen

Wenn man die Auswirkungen des Anbaus von gentechnisch veränderten Pflanzen beurteilen will, muss man vor allem in die USA schauen. Im Vergleich zu anderen Ländern wie Brasilien und Argentinien, in denen ebenfalls Millionen Hektar von gentechnisch veränderten Pflanzen angebaut werden, sind für die USA wesentlich mehr Publikationen und auch umfangreichere offizielle Statistiken verfügbar.

Folgen des Anbaus von herbizidresistenten Pflanzen

Die Gentechnik hilft US-Landwirten unter den Bedingungen der industriell geprägten Landwirtschaft zunächst tatsächlich, Arbeitszeit zu sparen, die Landwirtschaft weiter zu rationalisieren und in einigen Bereichen Kosten zu sparen und damit ihre Gewinne zu erhöhen. Allerdings verflüchtigen sich diese angeblichen Vorteile vor allem in Bezug auf das Merkmal Herbizidtoleranz zum größten Teil, nachdem die Pflanzen über einen längeren Zeitraum angebaut werden. Zum Teil verkehrt sich die Entwicklung sogar in ihr Gegenteil. Das hat auch Folgen für die Umwelt und die Verbraucher.

Folgen für die Landwirtschaft

Nach der Analyse von Brookes & Barfoot (2012), die der Biotechindustrie nahestehen und regelmäßig über die Vorteile des Anbaus von gentechnisch veränderten Pflanzen berichten, ergeben sich beim Anbau von herbizidtoleranten Pflanzen unter anderem folgende Vorteile:

- »Erhöhte Flexibilität im Management (...). Dies hilft nicht nur, Zeit zu sparen für andere landwirtschaftliche Tätigkeiten, sondern eröffnet auch Spielräume, um außerhalb der Landwirtschaft zusätzlich Geld zu verdienen.
- In der konventionellen Landwirtschaft beruht die Bekämpfung von Unkraut darauf, dass Herbizide zu einem Zeitpunkt angewendet werden, wenn sowohl das Unkraut als auch die Nutzpflanzen bereits wachsen. In der Folge können die Nutzpflanzen (...) durch die Anwendung der Spritzmittel in Mitleidenschaft gezogen werden. Bei herbizidtoleranten Pflanzen wird dieses Problem vermieden, weil die Pflanzen gegenüber dem Herbizid resistent sind.
- Es erleichtert die Etablierung von Systemen zur schonenden Bodenbearbeitung oder pfluglosem Anbau (...).
- Verbesserte Unkrautbekämpfung trägt zur Reduzierung der Erntekosten bei – saubere Felder können schneller geerntet werden.«

Tatsächlich sind sich die meisten Beobachter einig, dass der Anbau von herbizidtoleranten Pflanzen dem Landwirt unter den Bedingungen der US-Landwirtschaft helfen kann, Arbeitszeit zu sparen und das Herbizid flexibler einzusetzen: Er kann das Gift fast zu jedem beliebigen Zeitpunkt auf dem Acker ausbringen – bei großen Flächen sogar per Flugzeug. Die gentechnisch veränderten Pflanzen überleben die Giftdusche ohne Schaden, während die anderen Pflanzen eingehen.

Bereits vor dem Anbau der Gentechnik-Soja war die pfluglose Bodenbearbeitung in den USA weitverbreitet. Dieser pfluglose Ackerbau wird auch durch herbizidresistente Pflanzen begünstigt. Das kann zwar helfen, Arbeitszeit und Treibstoff zu sparen, und auch der Bodenerosion entgegenwirken. Allerdings gibt es auch Nachteile: so drohen Ertragseinbußen, hoher Unkrautdruck und ein höherer Befall mit Schädlingen. Darüber hinaus kommt es beim Verzicht auf den Pflug zwar zu einer erhöhten Kohlenstoffspeicherung in wenigen oberen Bodenzentimetern. Dem wirkt aber ein Kohlenstoffrückgang in den mittleren und unteren Bodenschichten sowie eine erhöhte Lachgasproduktion aufgrund von dichteren Bodenverhältnissen entgegen. Die Zweifel an den positiven Effekten des pfluglosen Anbaus auf die Speicherung von CO_2 im Boden haben in den letzten Jahren deswegen stark zugenommen.[33]

Die Vorteile des Anbaus von herbizidtoleranten Pflanzen unter den Bedingungen einer industriellen Landwirtschaft hängen aber davon ab, ob das Herbizid wirklich eine effektive Unkrautkontrolle ermöglicht. Im Falle von Glyphosat - dem beim Anbau von gentechnisch veränderten Pflanzen am häufigsten eingesetzten Herbizid - haben sich mittlerweile viele Unkrautarten an den Gebrauch dieses Spritzmittels angepasst.

In der Datenbank »Weedscience« (http://www.weedscience.org) wird seit einigen Jahren das vermehrte Auftreten neuer resistenter Unkräuter in den verschiedenen US-Bundesstaaten registriert. Diese Unkräuter können mit Glyphosat entweder gar nicht mehr oder nur noch mit größeren Mengen bekämpft werden. In den USA waren bis 2013 insgesamt 14 resistente Unkrautarten in mehr als 30 Bundesstaaten registriert. Abbildung 21 zeigt die zunehmende Häufigkeit des Auftretens von resistenten Unkrautarten in den jeweiligen US-Bundesstaaten von 1998 bis 2012.

In der Folge steigen der Arbeitszeiteinsatz ebenso wie die Aufwendungen für Spritzmittel. Dadurch werden die von Brookes & Barfoot (2012) genannten Vorteile deutlich relativiert. Nach Benbrook (2012) ist davon auszugehen, dass etwa 20 bis 25 Millionen Hektar Ackerland in den USA bereits von herbizidresistenten Unkräutern betroffen sind. Benbrook zeigt, dass hier tatsächlich Gegenmaßnahmen ergriffen werden müssen, die sowohl zeit- als auch kostenaufwendig sind. Er nennt vermehrten Glyphosat-Einsatz, zusätzliche Pestizide, vermehrtes Pflügen und die Unkrautbekämpfung per Hand. Benbrook zitiert auch Berechnungen der Firma Dow AgroSciences, nach denen sich die Kosten für die Unkrautbekämpfung dadurch um bis zu 100 Prozent verteuert haben.

Bisher scheint die US-Landwirtschaft weitestgehend unfähig, Alternativen zu dieser »Aufrüstung auf dem Acker« zu finden. Anstatt eine nachhaltigere Landwirtschaft zu entwickeln, werden die Gentechnik-Pflanzen mit immer mehr Resistenzen gegen Herbizide ausgestattet. Dafür gibt es

33 http://www.eurekalert.org/pub_releases/2014-04/uoic-rq041814.php#

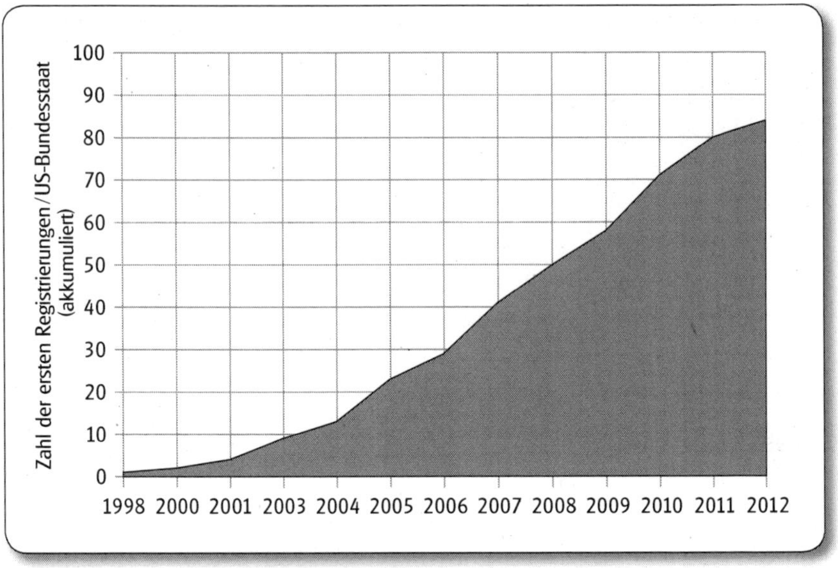

Abbildung 21: Anzahl der registrierten glyphosat-resistenten Unkrautarten pro US-Bundesstaat von 1998 bis 2012 (akkumuliert). Quelle: www.weedscience.org

strukturelle Gründe: Die Saatgutindustrie der USA ist insbesondere bei Soja, Mais und Baumwolle unter Kontrolle der Agrochemie. Konzerne wie Monsanto, DuPont, Syngenta und DowAgroSciences dominieren das Geschäft. Diese Unternehmen haben gar kein Interesse an Alternativen. Sie machen mit Gentechnik-Saatgut und den passenden Chemikalien glänzende Geschäfte: Allein der Umsatz des Marktführers Monsanto stieg von 2010 auf 2011 um 13 Prozent auf fast zwölf Milliarden US-Dollar. 2013 waren es bereits 14,9 Milliarden US-Dollar.[34]

Auch in absehbarer Zukunft werden die Entwicklung in den USA wohl von der Logik der Agrochemie-Konzerne geprägt und alternative Anbaumethoden, durch die der Einsatz von Spritzmitteln effektiv reduziert werden könnte, weiterhin vernachlässigt werden. Stattdessen entwickeln die Konzerne neue gentechnisch veränderte Pflanzen, die gegen ältere Spritzmittel wie Dicamba oder 2,4-D resistent gemacht werden.

34 http://www.finanzen.net/bilanz_guv/Monsanto

In der Folge wird der Herbizideinsatz noch weiter steigen, es werden auch neue Resistenzen bei Unkräutern entstehen. Schon jetzt zählt die Datenbank der Wissenschaftler von Weedscience über 200 verschiedene Arten von Unkräutern auf, die gegen die unterschiedlichsten Spritzmittel resistent geworden sind. Die Tendenz ist seit Jahren steigend.

Werden gentechnisch veränderte Pflanzen eingeführt, die Dicamba und 2,4-D überleben, steigt zudem der Druck auf die anderen Landwirte, nachzuziehen: Schon geringe Mengen der Spritzmittel, die vom Wind auf den Nachbaracker geblasen werden, können dort erhebliche Schäden verursachen (Mortensen et al., 2012). Diese Gifte sind extrem volatil (können leicht vom Wind auf Nachbarfelder getragen werden) und hemmen schon in geringen Konzentrationen das Wachstum von Pflanzen. Um sich vor Driftschäden zu schützen, könnten sich daher viele Landwirte gezwungen sehen, ebenfalls 2,4-D-tolerante Pflanzen anzubauen. Laut Angabe von US-Behörden sind in den USA Schäden durch Drift von 2,4-D schon heute die häufigste Ursache für Schadensersatzklagen bei benachbarten Landwirten.

Durch diese Entwicklung wird die US-Landwirtschaft immer weiter in eine extreme Industrialisierung mit steigender Belastung für Mensch und Umwelt getrieben. Der Aufwand für einen Systemwechsel wird dabei immer größer, die Folgekosten immer höher.

Steigende Belastung durch Rückstände von Herbiziden

Gentechnisch veränderte Pflanzen bedingen ein neues Muster der Pestizidbelastung von Verbrauchern: Da die Pflanzen gegenüber bestimmten Herbiziden wie Glyphosat tolerant gemacht wurden, sind Rückstände und Abbaustoffe (Metaboliten) dieser Spritzmittel zu einem permanenten Bestandteil der Nahrungsmittel geworden. Bisher waren entsprechende Rückstände nur von Fall zu Fall zu erwarten. Die permanente Belastung der Nahrungsmittel mit bestimmten Pestizidrückständen ist mit der Gentechnik zu einem Problem von bisher unbekannter Größenordnung geworden. Durch die Anpassung der Unkräuter an Spritzmittel wie Glyphosat ist zudem mit stetig steigenden Rückstandsmengen in den Lebensmitteln zu rechnen. Gesetzlich zugelassen sind gerade bei Glyphosat extrem hohe Rückstandsmengen: Bei Soja sind dies bis zu 20 Milligramm je Kilogramm Ernteertrag. Zudem enthalten Spritzmittel wie Roundup oft Zusatzstoffe, zum Beispiel Tallowamine, die dazu beitragen sollen, dass die Gifte von den Pflanzen besser aufgenommen werden und ihre Wirksamkeit verstärkt wird. Diese Tallowamine besitzen ein Vielfaches der Giftigkeit von Glyphosat (Mesnage et al., 2012; Kim et al., 2013). Ihre Anwendung in der Landwirtschaft ist in Deutschland deswegen zumindest teilweise eingeschränkt worden,[35] in den USA dagegen nicht.

Trotz des massiven Einsatzes von Spritzmitteln beim Anbau gentechnisch veränderter Pflanzen gibt es erstaunliche Datenlücken, wenn es um die Rückstandskontrollen geht. Laut Kleter et al. (2011) fehlen Daten über die Belastung von gentechnisch veränderten Pflanzen fast vollständig:

> »(...) es wäre interessant, die festgelegten Grenzwerte mit dem zu vergleichen, was tatsächlich auf dem Feld gemessen werden kann, beim kommerziellen Anbau der Pflanzen. Offensichtlich werden aber bei der Überwachung der Rückstände weder in der EU noch den USA oder Kanada Messungen der hier relevanten Herbizide in den speziellen gentechnisch veränderten Nutzpflanzen durchgeführt, weder auf Bundes- noch auf Landesebene.«

Da Glyphosat wegen der Anpassung der Unkräuter inzwischen häufiger und auch später in der Vegetationsperiode eingesetzt wird, erwarten Experten wie Benbrook (2012) auch wachsende Belastungen der Verbraucher:

> »Durch den erhöhten Spritzmitteleinsatz müssen auch höhere Gesundheitsrisiken befürchtet werden, insbesondere wenn bei herbizidresistenten Pflanzen zu einem späteren Zeitpunkt der Vegetation gespritzt wird. (...) Diese späteren Spritzungen führen mit

35 www.bvl.bund.de/DE/04_Pflanzenschutzmittel/05_Fachmeldungen/2010/psm_anwendungsbestimmungen_tallowamin-Mittel.html

höherer Wahrscheinlichkeit zu Rückständen (...). Als Konsequenz können Herbizidrückstände in Milch, Fleisch oder anderen tierischen Produkten häufiger werden.«

Bei Stichproben von Sojabohnen, die auf Feldern in Nordargentinien angebaut wurden, fand Testbiotech 2013 Rückstandsmengen von Glyphosat von über 100 Milligramm je Kilogramm Sojabohnen.[36] Der zulässige Grenzwert für Futter- und Lebensmittel war in diesen Proben damit um das Fünffache überschritten. Auch in dieser Region gibt es zunehmend Probleme mit herbizidresistenten Unkräutern. Zudem mehren sich in der Region Berichte über Erkrankungen in der Bevölkerung.

Die Europäische Lebensmittelbehörde EFSA (2011b) geht davon aus, dass entsprechende Rückstände auch in Europa im Blut der Bevölkerung zu finden sind (wobei es aber auch viele andere Möglichkeiten gibt, mit dem Gift in Berührung zu kommen, als über den Verzehr gentechnisch veränderter Pflanzen). In einer Einschätzung zu einer Publikation aus Kanada, nach der Rückstände und Abbaustoffe von Glyphosat wie MPPA auch im Blut schwangerer Frauen zu finden sind (Aris & LeBlanc, 2011), schreibt die EFSA, dass diese Befunde keineswegs unerwartet sind:

» Aus der Sicht der Verbrauchergesundheit sind die Befunde, wie sie von den Wissenschaftlern berichtet werden, im Hinblick auf das Vorkommen von Glyphosat und Glufosinat bei nicht schwangeren Frauen (...) und 3-MPPA bei nicht schwangeren und schwangeren Frauen sowie im Nabelschnurblut, nicht unerwartet. Es ist bekannt, dass Pestizide grundsätzlich gut aus dem Magen-Darm-Trakt resorbiert werden und dass eine Exposition gegenüber beiden Herbiziden über die Nahrungsaufnahme plausibel ist.«

Die ständige Belastung mit Spritzmittelrückständen kann möglicherweise schon in niedrigen Dosierungen Auswirkungen auf den Hormonstoffwechsel haben und so unter anderem die embryonale Entwicklung stören oder

36 http://www.testbiotech.org/node/925

auch Zellteilung und Krebswachstum beeinflussen. Es gibt inzwischen eine ganze Reihe von Publikationen über Glyphosat und Glyphosatmischungen, die derartige Effekte nahelegen (siehe z. B. Gasnier et al., 2009; Thongprakaisang et al., 2013; Caglar & Kolankaya, 2008; de Liz Oliveira Cavalli et al., 2013; Omran et al., 2013).

Es ist besorgniserregend, dass es laut dem deutschen Bundesinstitut für Risikobewertung (BfR, 2012) aber erst eine Langzeituntersuchung gibt, die mit einem handelsüblichen glyphosathaltigen Spritzmittel wie Roundup durchgeführt wurde (Seralini et al., 2012, republiziert 2014). Eine realistische Einschätzung der Gesundheitsrisiken durch die Dauerbelastung mit handelsüblichen Pestizidmischungen, die hochgiftige Zusatzstoffe wie Tallowamine enthalten, scheint derzeit daher nicht möglich. Weitere Untersuchungen sind hier dringend nötig: Die erwähnte äußerst umstrittene Studie brachte Hinweise auf ein deutlich erhöhtes Gesundheitsrisiko für Ratten, die über ihre Lebenszeit hinweg niedrigen Dosierungen von Roundup ausgesetzt waren.

Die ständige Belastung mit Rückständen von Herbiziden wie Glyphosat kann sich aber auch über Umwege auf die Gesundheit auswirken: Es könnte beispielsweise zu Veränderungen in der Darmflora des Menschen kommen, wodurch die Entstehung von Krankheiten begünstigt wird. Bereits bekannt ist, dass die Anwendung von Glyphosat zu einer veränderten Zusammensetzung der mikrobiellen Bodenflora führen kann (siehe z. B. EFSA, 2012a). Zudem ist Glyphosat auch gegen bestimmte Bakterien wie *E. coli* (Forlani et al., 1997; Carlisle & Trevors, 1988) wirksam und kann die Darmflora von Rindern (Reuter et al., 2007) und Hühnern (Shehata et al., 2012) schädigen. Die nützlichen Keime können dabei deutlich vermindert werden. Dass es bei permanenter Zufuhr von Glyphosat auch zu Veränderungen der Darmflora beim Menschen kommen kann, erscheint plausibel.

Folgen für die Umwelt

Gentechnisch veränderte herbizidresistente Pflanzen ermöglichten in den letzten 20 Jahren insbesondere den massiven Einsatz von Glyphosat auf riesigen Flächen beim Anbau von Soja und Mais, Zuckerrüben, Raps und

Baumwolle und die Entstehung und Ausbreitung herbizidresistenter Unkräuter. Gentechnik ist damit eine treibende Kraft bei der Entstehung von landwirtschaftlichen Produktionssystemen, die nicht nachhaltig sind und zu einem gravierenden Problem für die Umwelt geworden sind. Diese Feststellung wiegt umso schwerer, als gentechnisch veränderte Pflanzen ursprünglich mit dem Argument eingeführt wurden, man könne durch sie den Aufwand an Spritzmitteln reduzieren. Landwirte und Umwelt tragen gleichermaßen die Folgen dieser Entwicklung.

Da das Herbizid zu einem ganz erheblichen Anteil von den Blättern in die Wurzeln wandert und über die Wurzelspitzen in den Boden gerät, können das Bodenleben und insbesondere die Symbiose zwischen stickstoffbindenden Bakterien und dem Wurzelwerk der Pflanzen gestört werden, was Auswirkungen auf die Stickstoffversorgung der Pflanzen und auch auf die Aufnahme von Mineralstoffen wie Mangan und Zink hat. Insgesamt wird durch den vermehrten Einsatz von Glyphosat die Bodenfruchtbarkeit verringert und die Anfälligkeit der Pflanzen gegenüber Krankheiten erhöht (Johal & Huber, 2009; Bott et al., 2008). So kann es unter anderem zu einer erhöhten Belastung mit Pilzkrankheiten kommen.

Auch die EFSA sieht hier Probleme. In ihrer Bewertung zum Anbau von Gentechnik-Mais NK603 schreibt die EFSA (2009):

> »Glyphosat kann sich auch auf die Gemeinschaften von Boden-Mikroorganismen auswirken, die Mycorrhiza[37] und die Zusammensetzung der Organismen, die an den Wurzeln leben und die wichtig sind für Nährstoffaufnahme der Pflanzen. (...) Die Konsequenzen können sein, dass die Anwendungen von Glyphosat die an der Wurzel lebenden Mikroben zumindest zeitweise reduziert und so die Funktion und die Leistungen der Mikroorganismen für das Ökosystem der Felder beeinträchtigt wird – vor allem in Bezug auf die Fixierung von Stickstoff.«

37 Symbiotisches Ökosystem von Wurzeln und Mirkoorganismen.

Abbildung 22: Monarchfalter *(Danaus plexippus).* Quelle: http://de.wikipedia.org/wiki/Monarchfalter

Zudem kommt es zu einem Rückgang der Biodiversität auf dem Acker. Ein Beispiel: Der Monarchfalter, eine Ikone des Naturschutzes in den USA, wandert zwischen den USA und Mexiko, wo die Schmetterlinge überwintern. Man hat festgestellt, dass die Populationen, die in Mexiko eintreffen, in den letzten zehn Jahren deulich abgenommen haben. Eine Ursache dafür ist, dass in den USA das Vorkommen wichtiger Futterpflanzen für die Raupen (bestimmte Wolfsmilchgewächse) stark zurückgegangen ist. Dazu schreiben die US-Wissenschaftler Pleasants & Oberhauser (2012), die das Phänomen untersucht haben:

» Die Größe der Monarch-Populationen, die in Mexiko überwintern, hat während des letzten Jahrzehnts abgenommen. Ungefähr die Hälfte dieser Schmetterlinge kommen aus dem Mittleren Westen der USA, wo sich die Raupen von Wolfsmilchgewächsen ernähren. Es hat im letzten Jahrzehnt einen starken Rückgang der Wolfsmilchgewächse auf landwirtschaftlichen Flächen im Mittleren Westen gegeben. Dieser Rückgang stimmt zeitlich überein mit erhöhten Aufwendungen von Glyphosat wegen des Anbaus von herbizidtoleranten gentechnisch veränderten Mais- und Sojapflanzen.«

Es ist auch bekannt, dass die Anwendung von Glyphosat-Herbiziden insbesondere Auswirkungen auf aquatische Ökosysteme hat. Es kann durch Eintrag des Spritzmittels auch in geringeren Dosen zu Beeinträchtigungen der Wasserlebewesen kommen. So führte eine Langzeitbelastung von Süßwasserschnecken *(Pseudosuccinea columella)* mit niedrigen Konzentrationen nicht in der ersten und zweiten, aber in der dritten Generation zu Fortpflanzungsproblemen (Tate et al., 1997). Untersuchungen an Amphibien zeigten eine erhebliche Toxizität. Kaulquappen von Fröschen und Kröten (Releya, 2012; Releya & Jones, 2009) reagieren genauso empfindlich auf Glyphosat-Herbizide im Wasser wie Froschembryonen (Paganelli et al., 2010). Nach Angaben der US-Umweltbehörde EPA gefährdet Glyphosat den Lebensraum von geschützten Amphibien wie dem California red-legged Frosch.[38]

Giftig erwies sich Roundup und insbesondere der Zusatz von POE-Tallowaminen auch bei Süßwassermuscheln (Bringolf et al., 2007). Die Giftigkeit von POE-Tallowaminen wird bei Fischen im Vergleich zu Glyphosat um 30-mal höher eingeschätzt. Ein Bericht des Pestizid-Aktions-Netzwerks (PAN AP, 2009) fasst die Bedrohung für aquatische Systeme wie folgt zusammen:

> »Glyphosat und/oder Roundup kann die natürliche Zusammensetzung der aquatischen Ökosysteme verändern, kann das ökologische Gleichgewicht kippen lassen und zu einer Algenpest führen. Es kann erhebliche Auswirkungen auf Mikroorganismen, Plankton, Algen und Amphibien in geringen Konzentrationen haben: Eine Studie zeigte einen Rückgang von 70 Prozent bei Kaulquappen und eine Zunahme von Algen von 40 Prozent. Insekten, Krustentiere, Mollusken, Seeigel, Reptilien, Kaulquappen und Fische können betroffen sein, wobei die Empfindlichkeit innerhalb jeder Gruppe und zwischen den einzelnen Arten erheblich schwanken kann.«

38 http://www.epa.gov/oppsrrd1/registration_review/glyphosate/index.htmhttp://www.regulations.gov/#!documentDetail;D=EPA-HQ-OPP-2009-0361-0003

Auswirkungen werden auch auf anderen Ebenen der biologischen Vielfalt wie bei Insekten, Arthropoden[39] und Würmern berichtet (PAN AP, 2009).

Auch die EFSA konstatiert deutliche Auswirkungen auf die Umwelt, wenn herbizidresistente Pflanzen großflächig angebaut werden. Die Behörde behauptet zwar, dass diese Folgen bei einem möglichen Anbau in der EU durch geeignete Maßnahmen verhindert werden könnten, kann aber die Probleme in Ländern, in denen diese Pflanzen wie die Roundup Ready Soja (Soybean 40-3-2) tatsächlich angebaut werden, nicht verleugnen:

» Das Gentechnikpanel der EFSA ist der Auffassung, dass der Anbau der herbzidtoleranten Sojabohne 40-3-2 in Zusammenhang mit der Anwendung des Komplementär-Herbizids Glyphosat mit negativen Umweltauswirkungen verbunden ist. Diese möglichen negativen Auswirkungen können unter bestimmten Umständen umfassen: (1) eine Verringerung der Biodiversität auf der landwirtschaftlichen Fläche; (2) Veränderungen in der Zusammensetzung der Unkräuter; (3) die Selektion von herbizidtoleranten Unkräutern; und (4) Veränderungen im System der Bodenorganismen.« (EFSA, 2012a)

Die negativen Auswirkungen des Anbaus von Glyphosat-Pflanzen betreffen die ländlichen Räume insgesamt und nicht nur die Ackerflächen: Bei einer Untersuchung in Mississippi und Iowa in den Jahren 2007 und 2008 war in den meisten Proben in der Atmosphäre und im Regenwasser Glyphosat nachweisbar (Chang et al., 2011). Battaglin et al. (2011) fanden in den USA Glyphosat in 93 Prozent aller untersuchten Bodenproben, in 70 Prozent des Niederschlagswassers, in 50 Prozent der Bäche und in 20 Prozent der Seen.

39 Gliederfüßer wie Spinnen.

Folgen des Anbaus von insektengiftproduzierenden Pflanzen

Gentechnisch veränderte Maispflanzen, die ein Bt-Insektengift produzieren, werden seit 1996 kommerziell angebaut. Die Abkürzung Bt kommt von *Bacillus thuringiensis*, dem Namen eines Bodenbakteriums, das natürlicherweise eine große Bandbreite von Giftstoffen produziert. Manche dieser Gifte sind besonders gegen Insekten wie Schmetterlingsraupen, gegen Hautflügler (wie Mücken) oder auch Käferlarven wirksam.

Bt-Gifte werden in der Form, wie sie von den Bodenbakterien produziert werden, auch als Spray gegen Schadinsekten eingesetzt. Im Unterschied zu dieser traditionellen Anwendungsform ist das Gift in den Gentechnik-Pflanzen in Struktur und Toxizität aber verändert (Hilbeck & Schmidt, 2006). Zudem ist es über die gesamte Vegetationsperiode und darüber hinaus auf dem Acker, die Giftbelastung für Boden, Wasser und Lebewesen ist also dementsprechend hoch. Das Spray wird hingegen nur bei akutem Schädlingsbefall eingesetzt und durch UV-Licht rasch abgebaut.

Folgen für die Landwirtschaft

Nach der Einführung des gentechnisch veränderten Bt-Saatguts Ende der 1990er-Jahre zeigten sich beim großflächigen Anbau relativ bald ernsthafte Probleme: Sowohl bei der Baumwolle als auch beim Mais passten sich die Schädlinge an. Es wurden dabei einerseits Resistenzen gegen die Gifte beobachtet, andererseits aber auch das vermehrte Auftreten anderer Schädlinge (Überblick: Then, 2010b; Tabashnik et al., 2013).

In der Folge wurden mehrere Giftstoffe, die gegen die Schädlinge wirksam sein sollen, in den Pflanzen kombiniert, um das Auftreten resistenter Insekten hinauszuzögern. Nach Angaben der Industrie (Edgerton et al., 2012) wurden in den USA schon im Jahr 2010 auf einer Fläche von 17,8 Millionen Hektar insektengiftproduzierende »Triple-Stack«-Maispflanzen angebaut, was in etwa der Hälfte der Maisanbaufläche entspricht. Es ist zu erwarten, dass der Flächenanteil seither erheblich angestiegen ist. Triple-Stack-Pflanzen werden durch die Kreuzung von gentechnisch veränderten

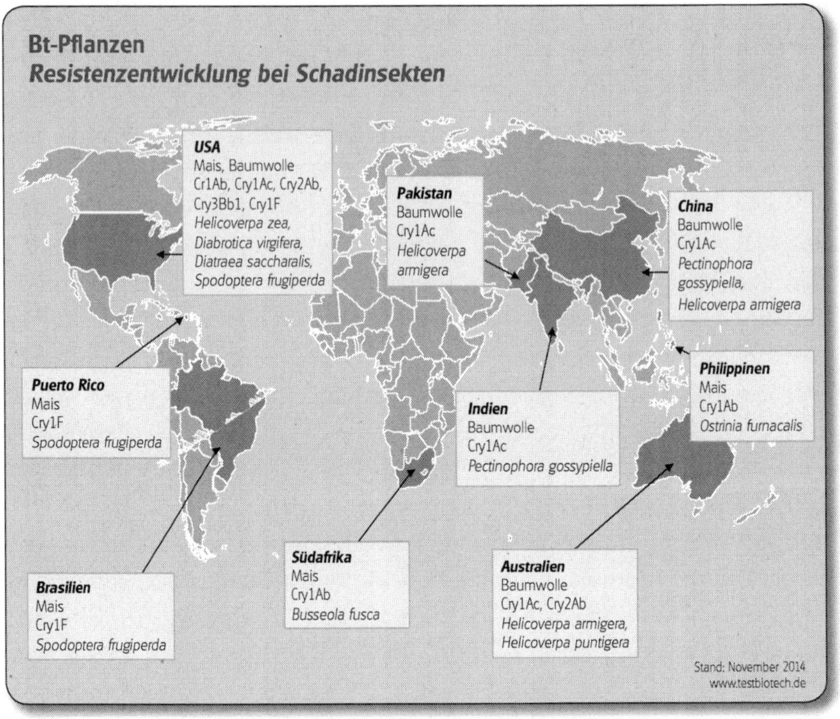

Abbildung 23: Auftreten von Resistenzen gegen Bt-Pflanzen.
Quelle: Bauer-Panskus/Testbiotech.

Pflanzen hergestellt. Ein Triple Stack enthält drei verschiedene Eigenschaften: Toleranz gegenüber Unkrautvernichtungsmitteln, Giftwirkung gegen Schädlingsraupen, die an den oberirdischen Teilen der Pflanzen fressen, sowie Giftwirkung gegen den Wurzelbohrer, der die Pflanzen unterirdisch befällt.

Laut Industrie hilft der Anbau von Triple-Stack-Mais, die Ernteerträge zu sichern. Insbesondere in Jahren, in denen ein hoher Befall durch Schädlinge zu beobachten ist, sind demnach die Erträge der Landwirte, die den gentechnisch veränderten Mais anbauen, höher als die Erträge der konventionellen Landwirte.

Die Triple-Stack-Pflanze mit den bisher meisten DNA-Konstrukten ist »SmartStax«, ein gentechnisch veränderter Mais, der gemeinsam von den

Firmen Dow AgroSciences und Monsanto hergestellt wird (siehe Abbildung 9). Er produziert sechs verschiedene Insektengifte. Eines der Toxine (Cry1A105) ist künstlich synthetisiert und hat keine natürliche Entsprechung (vgl. Kapitel zur Synthetischen Biologie). Zudem sind die Pflanzen tolerant gegen die Unkrautvernichtungsmittel Glyphosat und Glufosinat.

Der Westliche Bohnenschneider: ein Schädling auf dem Vormarsch

Als Pest Replacement[40] wird allgemein das Auftreten von sekundären Schädlingen nach der Verdrängung der ursprünglichen Schadinsekten bezeichnet. Dieses Phänomen wird in der Landwirtschaft oft dann beobachtet, wenn über Jahre hinweg und auf großen Flächen immer wieder die gleichen Spritzmittel gegen bestimmte Schädlinge eingesetzt werden. So entstehen ökologische Nischen für neue (sekundäre) Schädlinge. Pest replacement und auch die Entwicklung resistenter Schädlinge können also die Konsequenz einer Strategie sein, die versucht, Schadinsekten dauerhaft zu verdrängen oder gar auszurotten. Damit ist dieses Phänomen insbesondere beim Anbau von Bt-Pflanzen zu erwarten, da hier das Gift über die gesamte Vegetationsperiode auf dem Acker ist und somit die Schädlinge permanent mit dem Gift in Berührung kommen.

Der Westliche Bohnenschneider liefert ein drastisches Beispiel für die Folgen des Anbaus der Bt-Pflanzen. Dieser Schädling war ursprünglich nur eine Randerscheinung im Maisanbau. Seit dem Jahr 2000 wurde aber beobachtet, dass vor allem die gentechnisch veränderten Maispflanzen, die Bt-Gift produzieren, von der Raupe des sogenannten Western Bean Cutworm[41] *(Striacosta albicosta)* befallen werden.

In den Jahren von 2000 bis 2009 breitete er sich immer weiter und in verschiedenen US-Bundesstaaten im westlichen Maisgürtel aus. Dabei entstanden erhebliche wirtschaftliche Schäden. Catangui & Berg (2006) berichten von der Entwicklung in South Dakota: Dort war der Schädling im Jahr 2000 erstmals so massiv aufgetreten, dass deutliche Ernteeinbußen zu verzeichnen waren – ein Phänomen, das auch in den nachfolgenden

40 Zu deutsch etwa »Verschiebung von Schädlingspopulationen«.
41 Zu deutsch etwa »Westlicher Bohnenschneider«.

Abbildung 24: Schrittweise Ausbreitung des Westlichen Bohnenschneiders (Western Bean Cutworm) im Maisgürtel der USA, 2003–2009. Quelle: Testbiotech.

Jahren immer wieder beobachtet wurde. Ähnliche Berichte liegen auch aus Iowa, Illinois und Missouri vor (Dorhaut & Rice, 2004).

Schon 2008 dokumentierte man in fast allen Staaten des westlichen »Corn Belts« Schäden, die durch den Western Bean Cutworm verursacht wurden. Zu den betroffenen Staaten zählen Iowa, Missouri, Illinois, Minnesota, Wisconsin, Indiana, Michigan und Ohio (Eichenseer, 2008). Ursprünglich war das Vorkommen des Schädlings im Wesentlichen auf Nebraska beschränkt. Michel et al. (2010) schreiben:

> »Der Western Bean Cutworm trat vor dem Jahr 2000 nur sporadisch im westlichen Iowa auf, der erste wirtschaftliche Schaden wurde im Jahr 2000 registriert. Zwischen 2000 und 2009 breitete er sich weiter nach Osten aus. Ausgewachsene Exemplare des Western Bean Cutworm wurden seit 1999 inzwischen in elf weiteren Staaten und Distrikten gefunden, wobei er sich vom westlichen Iowa bis ins östliche Pennsylvania und südliche Quebec ausbreitete.«

Verschiedene Autoren haben im Detail beschrieben, wie der Anbau des gentechnisch veränderten Bt-Maises die Ausbreitung dieses Schädlings befördert hat (Übersicht in Then, 2010b): 2010 wurde im Labor gezeigt, dass ein Konkurrent des Western Bean Cutworm, der Corn Earworm, durch den Anbau von insektengiftproduzierendem Mais zurückgedrängt wird und so eine neue ökologische Nische für die Ausbreitung des Westen Bean Cutworm entstand (Dorhout & Rice, 2010). Dadurch konnte sich das Insekt gerade dort ausbreiten, wo der Bt-Mais angebaut wurde.

Zwar brachten industrienahe Experten weitere Erklärungsmöglichkeiten wie den Klimawandel als Ursache für die Ausbreitung des Westlichen Bohnenschneiders ins Spiel (Hutchison et al., 2011), jedoch blieben sie einen Nachweis für diese These schuldig. Dagegen sind die Mechanismen des Pest Replacement gut belegt und in weiteren Fällen beschrieben (siehe Then, 2010b).

Die Gegenstrategie der Industrie ist es, mehrere Giftstoffe in den gentechnisch veränderten Pflanzen zu kombinieren. Beim SmartStax werden drei Giftstoffe (Cry1A.105, Cry2Ab2 und Cry1F) gegen Raupen von Schädlingen produziert, die zu den Schmetterlingen *(Lepidoptera)* zählen und oberirdisch an den Pflanzen fressen. Dabei soll das Gift Cry1F die Pflanzen insbesondere gegen den Westlichen Bohnenschneider (Western Bean Cutworm) schützen – zumindest solange, bis sich die Schädlinge auch an dieses Gift angepasst haben.

Der Wurzelbohrer: noch gefährlicher dank Bt-Mais?

Ähnliche Probleme entstehen auch bei den Schädlingen, die an den Wurzeln der Pflanzen fressen: Der Wurzelbohrer passt sich zunehmend an den Anbau der Bt-Maispflanzen an, wie zahlreiche Publikationen zeigen. Diese belegen die rasche Ausbreitung von giftresistenten Wurzelbohrern in Regionen, in denen der gentechnisch veränderte Mais angebaut wird (Gassmann et al., 2011).

Wie eine Laboruntersuchung aus den USA zeigt (Oswald et al., 2012), könnte der gentechnisch veränderte Mais die Ausbreitung von Fraßinsekten sogar noch beschleunigen. Nach den vorliegenden Untersuchungsergebnissen entwickeln sich die Larven der resistenten Schädlingen schneller und es werden in kürzerer Zeit mehr Nachkommen produziert. Dies könnte dazu führen, dass sich der von Landwirten gefürchtete Schädling noch schneller auf den Feldern ausbreitet – dank dem Anbau von Bt-Mais.

Steigende Umweltbelastung durch Insektengifte

Nie zuvor wurden auf der Welt so große Monokulturen giftproduzierender Pflanzen angebaut wie heute. Wenn auch das natürliche Bt-Toxin im Vergleich zu herkömmlichen Insektengiften als wesentlich umweltfreundlicher anzusehen ist, gilt doch auch hier der bekannte Satz, dass es die Dosis ist, die das Gift macht.

Tatsächlich steigt die Giftmenge auf dem Acker durch den Einsatz von Pflanzen wie SmartStax erheblich. Die in den Pflanzen produzierten Giftmengen betragen ein Vielfaches dessen, was beispielsweise in Pflanzen wie MON810 (nur ein Insektengift) produziert wird. Während bei MON810 in den Blättern etwa Bt-Mengen von 30 Mikrogramm pro Gramm Trockengewicht enthalten sein sollte (siehe Lorch & Then, 2007; EFSA, 2009b), muss bei SmartStax mit 270 bis 1.600 Mikrogramm pro Gramm Trockengewicht gerechnet werden (Testbiotech, 2011). Benbrook (2012) berechnet, dass durch MON810 in etwa 0,133 Kilogramm Bt-Toxine pro Hektar auf den Acker gelangen, während es für SmartStax über vier Kilogramm sind.

Die Folgen für das Ökosystem von Boden und Feld können bei einer derartigen dauerhaften Giftexposition beträchtlich sein. Diskutiert werden Auswirkungen auf die Raupen geschützter Schmetterlinge, von denen bekannt ist, dass sie gegenüber dem in den Pflanzen produzierten Insektengift empfindlich sind. Aber auch andere sogenannte Nichtzielorganismen wie Bodenlebewesen, Wasserorganismen, Raubinsekten und Honigbienen könnten geschädigt werden (Lövei et al., 2009; Lang & Otto, 2010).

Offene Fragen in der Risikodiskussion gibt es wie erwähnt bezüglich des Bt-Gehalts der Maispflanzen, der in Abhängigkeit von Umwelteinflüssen stark schwanken kann (Then & Lorch, 2008). Bei der Giftwirkung der Bt-Toxine ist zu berücksichtigen, dass deren Struktur im Vergleich zu ihren natürlichen Varianten erheblich verändert ist. Dadurch kann ihre Giftigkeit erhöht und ihr Wirkungsspektrum erweitert werden (Hilbeck & Schmid, 2006; Then, 2010a). Zudem ist auch die genaue Wirkungsweise nicht vollständig geklärt (Pigott & Ellar, 2007). Die strikte Selektivität von Bt-Toxinen wurde nicht im Detail empirisch untersucht, sondern aus einer teilweise veralteten Wirkungstheorie abgeleitet. Neuere Forschungsergebnisse legen nahe, dass Bt-Toxine auf unterschiedliche Weise wirken können (Soberon et al., 2009) und möglicherweise auch für Säugetiere Risiken bergen. Hilbeck et al. (2012) zeigen, dass eine strenge Selektivität von Bt-Toxinen in Bezug auf Nichtzielorganismen nicht gegeben ist. Mesnage et al. (2012) konnten nachweisen, dass zumindest einige Bt-Toxine, die in gentechnisch veränderten Pflanzen verwendet werden, auch auf menschliche Zellen wirken. Dazu kommt, dass Bt-Toxine Immunreaktionen auslösen oder verstärken können - ein Risiko, das durch hohe Bt-Konzentration wie in SmartStax verschärft werden kann.

Wechselwirkungen zwischen den Bt-Toxinen und anderen Stoffen, wie Umweltgiften, Bakterien, pflanzlichen Enzymen oder Pestiziden, können dazu führen, dass die Giftwirkung verstärkt und die Selektivität verringert wird (Then, 2010b). Solche Effekte können sowohl Auswirkungen auf die Ökosysteme als auch auf die Gesundheit von Mensch und Tier haben. Auch die EFSA (2009b) erkennt beispielsweise mögliche kombinatorische Wirkungen im Hinblick auf Honigbienen als Risiken an.

Kosten und Nutzen für Landwirte

Laut einigen Experten (z. B. Brookes & Barfoot, 2012) werden durch den Anbau gentechnisch veränderter Pflanzen wesentlich höhere Ernten und wirtschaftlich höhere Erträge erzielt. Doch diese und ähnliche Darstellungen sind irreführend. Sie differenzieren nicht nach den Ertragssteigerungen, die durch Gentechnik erreicht wurden, und denen, die andere Ursachen haben. Tatsächlich sind die Umsätze der US-Landwirte in den letzten Jahren gestiegen, weil die Preise für landwirtschaftliche Ernten angezogen haben. Dafür verantwortlich sind die höhere Nachfrage nach Pflanzen für die Erzeugung von Agrosprit und geringere globale Ernteerträge, die Agrarrohstoffe teurer werden lassen.

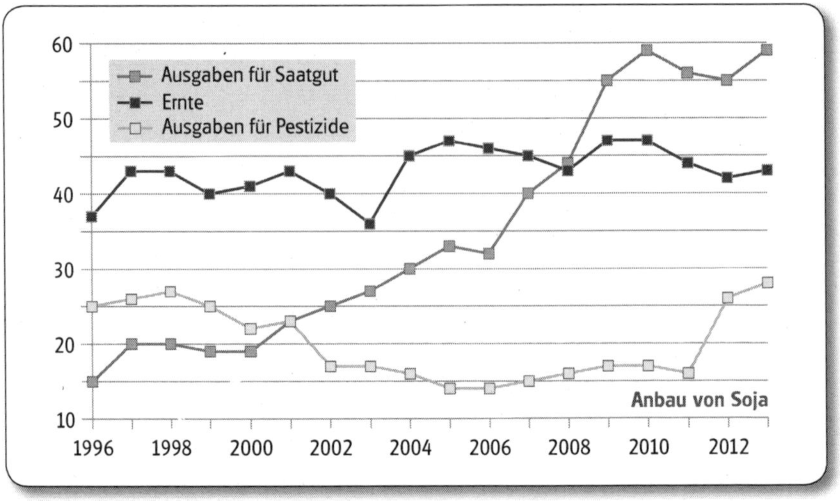

Abbildung 25: Entwicklung der Kosten für Saatgut (seed, US Dollar pro acre), Kosten für Pestizide (chemicals, US Dollar pro acre) und Ernteerträge (yield, bushel pro acre) beim Anbau von Soja in den USA von 1996 bis 2013. Quelle: Zahlen des USDA.

Analysiert man hingegen die offiziellen Zahlen des amerikanischen Landwirtschaftsministeriums USDA (U.S. Department of Agriculture)[42], so zeigen sich bei den Pflanzenarten, bei denen vorwiegend gentechnisch veränderte Varianten angebaut werden (Mais, Soja, Baumwolle), weder steigende Erträge bei der Ernte (yield) noch eine deutliche Reduzierung bei den Kosten für chemische Pestizide (chemicals). Stark gestiegen sind hingegen die Preise für Saatgut. Die Abbildungen 25 bis 27 geben einen Überblick über Ernteerträge, Kosten für Pestizide und für Saatgut bei Mais, Soja und Baumwolle von 1996 bis 2013. Bei der Interpretation der Zahlen ist zu beachten, dass die Preise für Glyphosat nach dem Erlöschen eines Patents von Monsanto gesunken sind. Die leichten Einsparungen bei den Kosten für Pestizide im Anbau von Sojabohnen dürfen also nicht mit sinkendem Herbizidverbrauch gleichgesetzt werden.

Ein höherer Ernteertrag oder wesentliche Einsparungseffekte seit der Einführung gentechnisch veränderten Saatguts lassen sich aus diesen Zah-

42 http://www.ers.usda.gov/Data/CostsAndReturns/testpick.htm

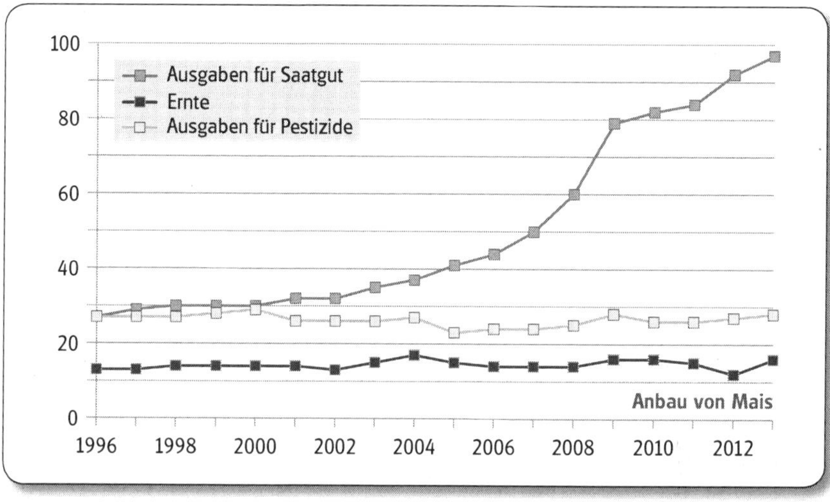

Abbildung 26: Entwicklung der Kosten für Saatgut (seed, US Dollar pro acre), Kosten für Pestizide (chemicals, US Dollar pro acre) und Ernteerträge (yield, bushel pro acre, Angaben in 10 Prozent der tatsächlichen Erträge) beim Anbau von Mais in den USA von 1996 bis 2013. Quelle: Zahlen des USDA.

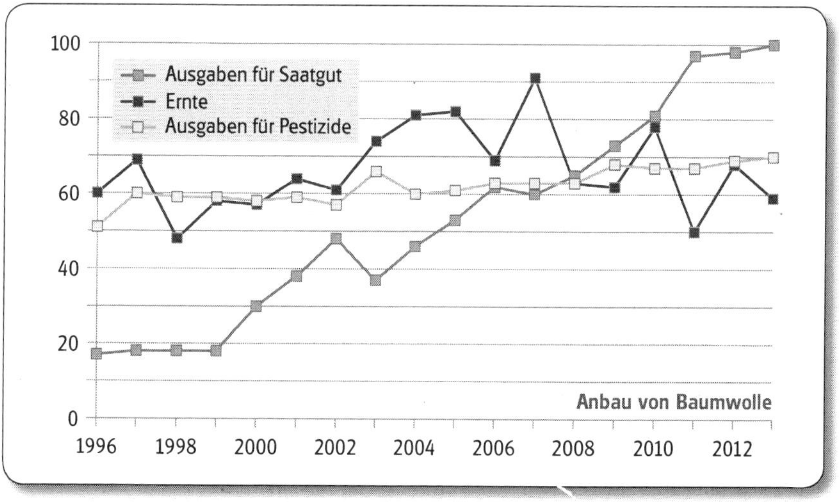

Abbildung 27: Entwicklung der Kosten für Saatgut (seed, US Dollar pro acre), Kosten für Pestizide (chemicals, US Dollar pro acre) und Ernteerträge (yield, pounds pro acre, Angaben in 10 Prozent der tatsächlichen Erträge) beim Anbau von Baumwolle in den USA von 1996 bis 2013. Quelle: Zahlen des USDA.

len nicht ableiten. Dagegen sind die Kosten für das Saatgut deutlich gestiegen (siehe unten).

Eine Studie der US-Landwirtschaftsbehörde USDA, die 2014 veröffentlicht wurde (Fernandez-Cornejo et al., 2014), betont die Vorteile für die US-Landwirte und lässt unter anderem Entwicklungen wie die Ausbreitung des Western Bean Cutworm unter den Tisch fallen. Zudem wird teilweise der Einruck erweckt, dass Stacked Events generell einen höheren Ertrag hätten. Dies ist irreführend, da diese über keine gentechnisch vermittelten Eigenschaften verfügen, die per se auf höheren Ernteertrag ausgerichtet sind. Ein höherer Ertrag kann nur dann erwartet werden, wenn tatsächlich ein Befall mit Schädlingen stattfindet. Auch diese Studie kommt nicht umhin, negative Entwicklungen zur Kenntnis zu nehmen. Genannt werden Resistenzen der Unkräuter gegen Glyphosat, Anzeichen für Resistenzen auch bei Schadinsekten und steigende Saatgutpreise.

Folgen für den Saatgutmarkt

Laut der Expertengruppe ETC (2011) hat der US-Konzern Monsanto, der beim Handel mit gentechnisch verändertem Saatgut führend ist, einen weltweiten Anteil von über 25 Prozent am internationalen Saatgutmarkt (mit und ohne Gentechnik). Nummer zwei ist der US-Konzern DuPont (der den Züchter Pioneer aufgekauft hat), Nummer drei der schweizerische Konzern Syngenta, der durch Ausgliederung der Agrarsparte von Novartis und Zusammenschluss mit Teilen von Astra Zeneca entstand. Die drei Konzerne erreichen demnach einen gemeinsamen Marktanteil von über 50 Prozent. Auch nach Angaben der Europäischen Kommission (EU Commission, 2013a) hat sich die Konzentration im internationalen Saatgutmarkt in den letzten Jahren dramatisch verschärft. Während 2009 die drei größten Saatgutkonzerne einen Marktanteil von etwa 35 Prozent hatten, kontrollierten sie 2012 bereits 45 Prozent. Im gleichen Zeitraum nahm weltweit der Marktanteil von Monsanto, dem größten Saatgutkonzern, von 17,4 auf 21,8 Prozent zu. Diese Zahlen sind zwar etwas niedriger als die erwähnten Zahlen der ETC-Group, bestätigen aber insgesamt den alarmierenden Trend. Die Entwicklung wird hauptsächlich von Konzernen aus dem Be-

Tabelle 6: Die weltweit zehn größten Saatgutproduzenten. Quelle: ETC, 2011.

	Company	2009 seed sales US $ millions	% of market share
1	Monsanto (USA)	7,297	27
2	DuPont (USA)	4,641	17
3	Syngenta (Schweiz)	2,564	9
4	Group Limagrain (Frankreich)	1,252	5
5	Land O'Lakes/Winfield Solutions (USA)	1,100	4
6	KWS AG (Deutschland)	997	4
7	Bayer Crop Science (Deutschland)	700	3
8	Dow AgroScience (USA)	635	2
9	Sakata (Japan)	491	2
10	DLF-Trifolium A/S (Dänemark)	385	1
	Total Top 10	$ 20,062	64 %

reich der Agrochmie vorangetrieben, die mehr und mehr Züchtungsfirmen kaufen (siehe Howard, 2009). Diese Agrarmultis sind keine traditionellen Züchter. Sie sind erst in den Saatgutmarkt eingestiegen, als sich durch die Gentechnik neue Möglichkeiten ergaben, die Märkte durch Patente zu kontrollieren (OECD, 1992). Patente verstärken diesen Prozess ganz wesentlich und tragen wesentlich zur marktbeherrschenden Stellung der »Seed Giants« bei: Wenn die Züchtungsfirmen aufgekauft werden, übernehmen die Konzerne auch die Kontrolle über die Sorten und das Züchtungsmaterial in den Genbanken der Züchter. Bringen die Konzerne dann patentgeschützte Sorten auf den Markt, können diese nicht länger frei zur Züchtung verwendet werden.

In den USA werden insbesondere die Saatgutmärkte für Soja und Mais von ganz wenigen Konzernen kontrolliert. Nach Angaben von Hubbard (2009) kontrollierte Monsanto 2008 etwa 60 Prozent des Maissaatguts, gefolgt von DuPont mit etwa 30 Prozent und dem Schweizer Konzern Syngenta mit etwa zehn Prozent. 80 Prozent der Maisfelder wurden mit Monsantos gentechnisch verändertem Saatgut bebaut.

Durch die geringe Zahl der Saatgutanbieter fehlen den Landwirten in den USA oft Alternativen. Unter anderem ist die Auswahl an gentechnikfreien Maissorten in den letzten Jahren stark zurückgegangen, wie eine Übersicht von Binimelis et al. (2012) zeigt.

Tabelle 7: Anzahl der Maissorten mit und ohne Gentechnik in den USA.
Quelle: Binimelis et al., 2012 / Monsanto.

Mais	Anzahl der Sorten in 2005	Anzahl der Sorten in 2010	Änderungen in Prozent (2005–2010)
gentechnisch veränderte Sorten	5.695	6.079	+6,7 %
konventionelle Sorten	3.226	1.062	−67,0 %

Der mangelnde Wettbewerb zwischen den wenigen großen Konzernen, die den Markt dominieren und oft auch noch untereinander Lizenzabkommen eingehen (Howard, 2009), lässt die Preise immer weiter klettern. Der Preisanstieg für Gentechnik-Saatgut wird durch die Einführung von Stacked Events wie dem SmartStax-Mais weiter verschärft, da Landwirte für die Kombination der technischen Eigenschaften mehr Lizenzgebühren zahlen müssen. Grundlage der starken Marktposition von Monsanto sind Aufkäufe traditioneller Züchter und Biotech-Konkurrenten.

Konzerne wie Monsanto führen auch Kontrollen durch, um zu verhindern, dass Landwirte ihre eigene Ernte wieder zur Aussaat verwenden. Howard (2009) gibt an, dass der Anteil des Saatguts für Soja, der von US-Landwirten aus der eigenen Ernte gewonnen wird, von 63 Prozent im Jahr 1960 auf zehn Prozent in 2001 gefallen ist. Ein Bericht des Center for Food Safety (2005) dokumentiert mehr als 100 Gerichtsprozesse, in denen sich Landwirte dem Vorwurf ausgesetzt sahen, Patentrechte Monsantos zu verletzen.

Der fortschreitende Konzentrationsprozess in der Saatgutbranche betrifft auch die EU. Zwar gibt es hier noch eine vergleichsweise große Viel-

Abbildung 28:
Prozentsatz der US-Anbaufläche bei Mais und Soja, die 2008 mit Saaten von Monsanto bepflanzt wurden.
Quelle: Hubbard, 2009.

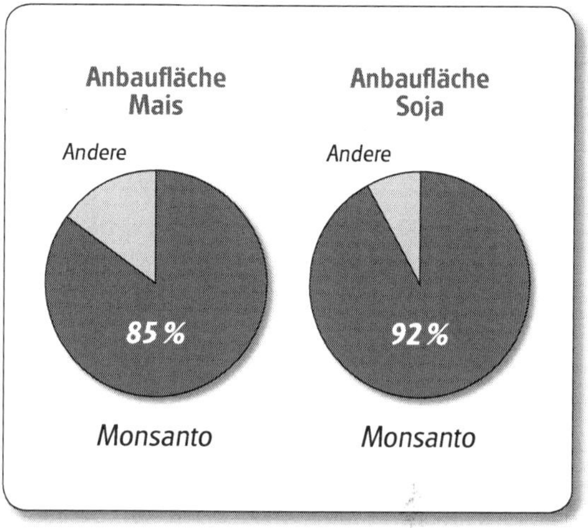

falt an Saatgutfirmen, aber Unternehmen wie Pioneer und Dekalb, die zu DuPont beziehungsweise Monsanto gehören, haben beispielsweise auch in Europa einen großen Anteil am Saatguthandel mit Mais. Zudem hat Monsanto auch bereits die weltweit größten Hersteller von Saatgut für Gemüse aufgekauft und dadurch auch erhebliche Anteile am Europäischen Saatgutmarkt erworben.

Offiziell gibt es in der EU noch 7.000 Unternehmen, die in der Saatgutbranche tätig sind (EU Commission, 2013a). Das bedeutet jedoch nicht, dass die Mehrzahl dieser Firmen einen tatsächlichen Einfluss auf den Saatgutmarkt hat. Wie ein Bericht der Grünen im Europäischen Parlament zeigt, haben fünf Konzerne einen Anteil von etwa 75 Prozent des Marktes für Maissaatgut (Mammana, 2013). Dieselbe Anzahl von Unternehmen soll sogar 95 Prozent des EU-Saatgutmarktes für Gemüse kontrollieren (EU Commission 2013b).

Auch in Europa werden immer mehr Patente auf Pflanzen angemeldet. Es wurden bereits über 2.000 Patente auf Saatgut erteilt – das meiste davon ist gentechnisch verändert. Der neueste Trend am Europäischen Patentamt ist, dass nicht mehr nur gentechnisch veränderte Pflanzen zum Patent angemeldet werden, sondern auch Obst, Gemüse, Mais, Weizen, Reis und Soja aus der »normalen« (konventionellen) Zucht beansprucht werden.

Anders als bei der Gentechnik geht es hier nicht mehr nur um bestimmte Marktsegmente, sondern um die Grundlagen und Produktion der Lebensmittel insgesamt. Zum Patent angemeldet sind Brokkoli, Tomaten, Salat, Melonen, Paprika, Weizen und Nudeln, Gerste und Bier, Sonnenblumen und Salatöl, ja sogar Kühe und deren Milch. Viele dieser Patente wurden bereits erteilt.

Nach aktuellen Recherchen[43] nimmt die Zahl dieser Patentanträge beständig zu. Geht die Entwicklung weiter wie bisher, werden Konzerne wie Monsanto künftig darüber bestimmen können, welches Saatgut verwendet wird, welche Lebensmittel auf dem Markt angeboten werden und was Landwirte und Verbraucher dafür bezahlen müssen. Insbesondere Monsanto, die Nummer eins im internationalen Saatguthandel, hat nicht nur viele Patente angemeldet, sondern auch die Marktmacht, seine Monopolansprüche durchzusetzen: Die nötigen Firmen wie Gemüsezüchter sind längst aufgekauft, Detektive kontrollieren im Konzernauftrag mancherorts die Äcker, Anwälte stehen bereit, um Wettbewerber aus dem Feld zu schlagen und Lizenzgebühren durchzusetzen. Monsanto und Syngenta verkaufen sogar bereits Gemüse und Tomaten unter eigenen Markennamen wie Beneforte (Brokkoli, Monsanto) oder Toscanella (Syngenta, Tomaten) im Lebensmittelhandel.

Folgen für gentechnikfreie Produzenten

Durch den Anbau gentechnisch veränderter Pflanzen kommt es auch in den USA regelmäßig zu Verunreinigungen der Nahrungsmittelproduktion. Da es in den USA keine Kennzeichnungspflicht gibt, werden hier vor allem jene Kontaminationen erfasst, die nicht zugelassene Produkte betreffen. Ein Bericht des United States Government Accountability Office (GAO) von November 2008 listet sechs bekannt gewordene Fälle mit nicht zugelassenen Gentechnik-Pflanzen auf. Es wird davon ausgegangen, dass der allein durch diese Fälle entstandene Schaden (für die USA) mehrere Milliarden US-Dollar beträgt.

43 www.no-patents-on-seeds.org

Tabelle 8: **Übersicht über bekannte Kontaminationen mit nicht zugelassenen gentechnisch veränderten Pflanzen in den USA.** Quelle: GAO, 2008.

Jahr	Produkt	Pflanze	Eigenschaft
2000	StarLink	Mais	insektengiftig und herbizidtolerant
2002	Prodigene	Mais	pharmazeutisches Protein
2004	Syngenta Bt10	Mais	insektengiftig
2006	Liberty Link Rice 601	Reis	herbizidtolerant
2006	Liberty Link Rice 604	Reis	herbizidtolerant
2008	Event 32	Mais	insektengiftig

»StarLink« produziert ein Bt-Insektengift (Cry9c), das im Verdacht steht, Allergien auslösen zu können, weil es bei der Verdauung nur langsam abgebaut wird. Im Jahr 2000 fiel wegen der Kontamination mit StarLink der Preis für die Maisernte in den USA um sechs Prozent. Exporte in die EU, nach Asien und in den Mittleren Osten gingen zurück. Dies führte zu einem Verlust von etwa 500 Millionen US-Dollar für die US-Maisbauern (Carter & Smith, 2003). Nach weiteren Schätzungen hat die StarLink-Kontamination die US-Wirtschaft im Jahr 2001 etwa eine Milliarde US-Dollar gekostet (Macilwain, 2005). Verunreinigungen mit StarLink wurden auch in vielen anderen Ländern entdeckt.

Ähnlich hoch war der wirtschaftliche Schaden, der durch Verunreinigungen mit gentechnisch verändertem Reis (Liberty Link) der Firma Bayer verursacht wurde. Der Bayer-Konzern musste deswegen im Jahr 2011 rund 750 Millionen US-Dollar Strafe an US-Reisbauern bezahlen.

Betroffen sind natürlich auch ökologische Landwirte, die in den USA ebenso wie in Europa auf gentechnikfreie Produktion setzen. Obwohl sie in den USA regelmäßig von wirtschaftlichen Schäden durch Gentechnik-Kontaminationen betroffen sind, wurden ihre Forderungen nach Schadensersatz bisher abgelehnt. So wies beispielsweise im Februar 2012 ein Gericht in New York die Schadensersatzforderungen eines ökologisch produzierenden Landwirts ab.[44]

44 http://www.prwatch.org/news/2012/03/11326/rampant-gmo-contamination-unchecked-judge

Auch für Europa sind laufende Kosten im mehrstelligen Millionenbereich für die Reinhaltung von Saatgut und Lebensmittelproduktion dokumentiert, obwohl es bislang kaum einen Anbau von gentechnisch veränderten Pflanzen gibt (Then & Stolze, 2010).

8 Gentechnisch veränderte Tiere

Die ersten gentechnisch veränderten Säugetiere entstanden noch vor den ersten transgenen Pflanzen: Schon 1974 wurde publiziert, dass die ersten gentechnisch veränderten Mäuse geschaffen wurden, 1983 wurden die ersten Gentechnik-Pflanzen hergestellt. 1985 gab es bereits erste gentechnisch veränderte Schafe und Schweine. In den 80er- und 90er-Jahren arbeitete man unter anderem an Schweinen, die gripperesistent sein sollten, andere wurden mit Wachstumshormongenen traktiert. Schafe sollten Wolle produzieren, ohne dass sie geschoren werden müssen, Kühe menschliche Muttermilch produzieren, Ziegen mit ihrer Milch auch Spinnenseide absondern und Schweine ihr Futter besser verdauen. Bekannt wurden unter anderem Schweine mit zusätzlichen Wachstumshormonen, die schneller wuchsen, aber gleichzeitig an Organ- und Gelenkschäden litten. Einen erheblichen Schub erhielten die Bemühungen mit Klonschaf Dolly: Vor Dolly war jedes Gentechnik-Tier eine Art Einzelstück, jetzt konnte man weitgehend identische Kopien der manipulierten Tiere herstellen. Zusammen mit der Gentechnik kam der Patentschutz auf Tiere und ihre DNA in der Zucht an und wurde inzwischen auch auf konventionelle Züchtung ausgeweitet. Damit entstehen neue Abhängigkeiten für Züchter und Landwirte.

Bisher gelangte aber keines der gentechnisch veränderten Nutztiere zur Vermarktung. Allerdings steht 2014 gentechnisch veränderter Lachs der Firma Aquabounty möglicherweise kurz vor der Marktzulassung in den USA. Er ist eine Art Gentechnik-Dino: Das Patent (EP 578653) wurde schon 1992 eingereicht und 2001 in Europa erteilt. Das Patent ist inzwischen erloschen und die Firma Aquabounty stand zwischenzeitlich sogar kurz vor dem Bankrott.

Auch die EU ist bereits wegen einer Zulassung von Gentechnik-Tieren aktiv geworden: 2012/2013 veröffentlichte die Europäische Lebensmittelbehörde EFSA Richtlinien für die Prüfung von Risiken gentechnisch verän-

Tabelle 9: Chronologischer Überblick über die Entwicklung gentechnisch veränderter Tiere. Quelle: eigene Darstellung.

1974	Erste transgene Mäuse.
1985	Erste transgene Schafe und Schweine.
1988	Erstes Patent auf Säugetiere in den USA (»Krebsmaus«).
1990	»Bulle Herman« wird geboren, seine Nachkommen sollen Milch mit menschlichen Zusatzstoffen (Lactoferrin) produzieren.
1992	Erstes Patent auf Säugetiere in Europa (»Krebsmaus«). Das Patent der Firma Aquabounty (Seabright) auf »Turbolachs« wird angemeldet.
1997	Klonschaf Dolly wird der Öffentlichkeit präsentiert.
2001	Europäisches Patent auf Turbolachs für Firma Aquabounty (Seabright) erteilt.
2007	EPA-Patent auf gentechnisch veränderte Kühe erteilt (EP 1330552).
2007	In der EU werden gentechnisch veränderte Zierfische (GloFish) in Zoohandlungen entdeckt.
2010	In England werden Produkte von Nachkommen geklonter Rinder im Kaufhausregal gefunden.
2012/ 2013	Die EFSA veröffentlicht Richtlinien für die Risikoprüfung gentechnisch veränderter Tiere zur Lebensmittelgewinnung.
2013	Erstmals werden Anträge auf Freisetzung gentechnisch veränderter Insekten in der EU geprüft.

derter Nutziere. Der Schwerpunkt der Prüfrichtlinien liegt bei Fischen und Insekten. Es ist tatsächlich zu erwarten, dass nicht Kühe, Schweine oder Schafe die ersten transgenen Tiere sind, die in der EU für die Nutzung in der Landwirtschaft zugelassen werden, sondern eher die Fische der Firma Aquabounty oder Insekten der Firma Oxitec aus England. 2013 wurden erste Oxitec-Anträge auf experimentelle Freisetzungen gentechnisch veränderter Olivenfliegen in Spanien und Italien bekannt.

Steigende Versuchstierzahlen

Während in anderen Bereichen die Anzahl der Tierversuche seit Jahren stagniert, steigen sie im Bereich Gentechnik seit Jahren an. Das geht aus offiziellen Statistiken hervor, die das Bundesministerium für Landwirtschaft jedes Jahr veröffentlicht. Im Jahr 2012 erreichte die Anzahl verbrauchter Tiere fast eine Million.[45] Zumeist handelt es sich dabei um Mäuse. Zudem werden Ratten, Kaninchen, Schweine, Fische und Amphibien verwendet. Neue Technologien wie das systematische Ausschalten von Genen (»knock-out«) oder der Einbau neuer synthetischer DNA (»knock-in«) lassen die Zahlen immer weiter klettern, ohne dass auf der anderen Seite der konkrete medizinische Nutzen ähnlich ansteigen würde. Dadurch wird der Trend zu mehr Tierversuchen zusätzlich durch wirtschaftliche Motive befeuert.

Leuchtende Fliegenlarven

Die britische Firma Oxitec entwickelt gentechnisch veränderte Insekten für verschiedene Anwendungen: Die Firma hat ihre Gentechnik-Insekten bereits in Brasilien, Malaysien und den Kaimaninseln zur Bekämpfung des Dengue Fieber ausgesetzt, in Brasilien sind sie sogar schon kommerziell zugelassen. Die unkontrollierte Ausbreitung der gentechnisch veränderten Mücken soll durch spezielle Mechanismen verhindert werden: Die Mücken der Firma sind gentechnisch so verändert, dass sie auf die Gabe eines Antibiotikums (Tetracyclin) angewiesen sind. Dieses Antibiotikum wird im Labor dem Futter zugesetzt, in der Natur sollen die Insekten und ihre Nachkommen zugrunde gehen. Doch erste Erfahrungen zeigen, dass einige der Tiere trotzdem auch in der Natur überleben.

In der EU sollen andere Insekten zum Einsatz kommen: Wie 2013 bekannt wurde, hat die Firma Oxitec in Spanien und Italien bereits einen Antrag auf Freisetzung von gentechnisch veränderten Olivenfliegen gestellt.[46] Hier sind die männlichen Tiere so manipuliert, dass die weiblichen Nach-

45 www.bmel.de/SharedDocs/Downloads/Landwirtschaft/Tier/Tierschutz/2012TierversuchszahlenGesamt.html

46 www.testbiotech.org/node/874

kommen zugrunde gehen, die männlichen sind in ihrer Überlebensfähigkeit hingegen nicht eingeschränkt. Olivenfliegen gelten als invasiv, sie breiten sich rasch in geeigneten Lebensräumen aus. Sie überwintern und fliegen einige Kilometer weit. Man muss also davon ausgehen, dass sich die gentechnisch manipulierten Insekten nach einer Freisetzung weiträumig in den Regionen im Mittelmeerraum ausbreiten können, in denen die Olivenfliege vorkommt, und überall in den Populationen ihre lethalen Gene verbreiten. So lange es nicht zu einem Zusammenbruch der gesamten Population von Olivenfliegen kommt, können auch die Gentechnik-Fliegen überleben. Von einem Ende der Freisetzung wäre erst dann auszugehen, wenn die gesamte Population an Olivenfliegen ausgerottet ist. Ein Experiment ohne Kontrollmöglichkeit.

Die Fliegen sind gentechnisch so verändert, dass ihre Larven zusätzlich fluoreszierende Proteine produzieren. Man wird also gegebenenfalls die Ausbreitung der Fliegen beobachten können, aber nicht in der Lage sein, diese tatsächlich zu stoppen. Was es für die betroffenen Anbaugebiete bedeutet, wenn Verbraucher davon erfahren, dass in den Oliven leuchtende Gentechnik-Larven sitzen könnten, ist vorhersehbar. Man muss davon ausgehen, dass die Freisetzung der Fliegen dazu führen könnte, dass der Absatz von Oliven aus den betroffenen Regionen stark beeinträchtigt wird. Da die Larven, die in den Oliven leben, auch Bestandteil von Lebensmitteln werden könnten, müssten sie auch eine EU-Zulassung für Lebensmittel erhalten. Ansonsten wäre die betroffene Ernte schlicht unverkäuflich.

Oxitec hat enge Verbindungen zum Gentechnik-Konzern Syngenta. Im Management ist unter anderem die Geschäftsführung und der Vorstand mit ehemaligen Mitarbeitern von Syngenta besetzt. Der Schweizer Konzern hat zudem Oxitec in den Jahren 2009 und 2011 direkte finanzielle Unterstützung gewährt. Wie aus Mitteilungen von Oxitec hervorgeht, möchte man mithilfe der gentechnisch veränderten Insekten den Widerstand der Verbraucher gegen gentechnisch veränderte Lebensmittel überwinden: Für Verbraucher wäre es akzeptabler, wenn gentechnisch veränderte Insekten in der Schädlingsbekämpfung eingesetzt würden, ohne dass die Lebensmittel selbst verändert würden. Gleichzeitig versucht man den Gesetzgeber in der EU davon zu überzeugen, dass die Larven der Olivenfliege als unvermeidbare, nicht kennzeichnungspflichtige Zusätze eingestuft werden und gar keine Zulassung bräuchten. Ob diese Rechnung aufgeht, darf bezweifelt werden. Würde der Vorschlag von Oxitec umgesetzt, verstieße dies gegen geltendes EU-Recht.

Turbolachs

Auch im Gentechnik-Wunderland USA führt die geplante Zulassung des gentechnisch veränderten Lachses der Firma Aquabounty zu heftigen Diskussionen. Umweltorganisationen und Verbraucherschützer wehren sich seit Jahren gegen die Zulassung des Gen-Lachses in den USA, der zusätzliche Wachstumshormone produziert und deswegen achtmal schneller wächst als normaler Lachs. Sie fürchten einen Dammbruch bei der Vermarktung von gentechnisch veränderten Tieren, nachdem in den USA bereits Produkte von geklonten Tieren für den menschlichen Verzehr zugelassen wurden. Verbraucher hätten wegen der fehlenden Kennzeichnungspflicht noch nicht einmal eine Auswahlmöglichkeit. Bereits vor der Marktzulassung hat die Firma begonnen, den Lachs in Tanks zu vermehren, die in Panama stehen.

Die Firma Aquabounty fährt eine offensive Öffentlichkeitskampagne. Unter anderem wurden im Dezember 2012 Journalisten des Senders ABC mit Gen-Lachs verköstigt. Dagegen haben etwa 300 Organisationen aus dem Bereich Umwelt-, Verbraucher- und Tierschutz, aber auch aus der Fischerei- und Lebensmittelwirtschaft, vor einer Zulassung gewarnt. Auch vierzig Repräsentanten von Senat und Kongress haben sich solidarisch mit den Protesten erklärt.

Befürchtet wird, dass der Lachs in freie Gewässer entkommen und sich dann trotz Sicherheitsvorkehrungen in Wildpopulationen ausbreiten könnte. 2013 wurde eine Studie publiziert, die zeigt, dass sich der Gentechnik-Lachs auch mit wilden Forellen paaren kann (Oke et al., 2013). Sein schnelleres Wachstum und seine Körpergröße könnten zu einem Selektionsvorteil werden und somit zu einer erheblichen Gefahr für die Wildpopulationen werden: Diese können langfristig von den schneller wachsenden und größeren Tieren verdrängt werden (Muir & Howard et al.,

2001; Moreau et al., 2011). Im schlimmsten Fall könnte dies zu einem Zusammenbruch der Wildpopulationen führen.

Sollte der Lachs tatsächlich zugelassen werden, wäre dies nicht nur ein Erfolg für die Firma Aquabounty, sondern auch für die US-Firma Intrexon. Die Firma hält seit 2012 etwa 50 Prozent der Anteile an Aquabounty und hat die Firma vor dem Bankrott gerettet. Zu den Vorständen von Intrexon gehört Robert B. Shapiro, der ehemalige Geschäftsführer von Monsanto. Auch die Abteilung »Animal Sciences and Agricultural Biotechnology Division« wird von einem ehemaligen Mitarbeiter von Monsanto geführt. Intrexon ist bereits 2012 in die öffentliche Kritik geraten, weil das Unternehmen europäische Patente auf gentechnisch veränderte Schimpansen erhalten hat.[47] Offensichtlich geht es der Firma (nach eigener Auskunft »a leader in synthetic biology«) nicht nur um medizinische Forschung, sondern auch um die Landwirtschaft (siehe unten).

Menschen-Milch …

In mehreren Projekten wird versucht, die Milch von Kühen, Ziegen und sogar Kamelen menschenähnlicher zu machen. Die Milch der Tiere soll mit Bestandteilen aus der Muttermilch angereichert werden. Entsprechende Meldungen kommen aus Argentinien, China, Saudi Arabien und den USA. Diese Idee wird schon länger verfolgt: Schon der erste gentechnisch veränderte Bulle, der 1990 in den Niederlanden geboren wurde und medienwirksam »Bulle Herman« genannt wurde, sollte diesem Zweck dienen – ob jetzt die Zeit reif ist für Muttermilchersatz vom Gen-Kamel muss sich erst noch zeigen.

… und Umwelt-Schweine

Die in Kanada gezüchteten Enviropig-Schweine produzieren in ihrem Speichel ein Enzym (Phytase), mit dessen Hilfe das Phosphat im Futter besser verwertet werden soll. So soll die Futterverwertung verbessert und die Aus-

47 www.testbiotech.org/unterschreiben_schimpansen

scheidung von Phosphor verringert werden. Ob und wann diese Schweine den Markt erreichen werden, lässt sich nicht absehen. Entwickelt wurden sie, ebenso wie der gentechnisch veränderte Lachs, schon vor über zehn Jahren. Das Projekt wurde angeblich 2012 aus Kostengründen eingestellt. 2013 gab es aber Berichte über weitere Forschung an den Schweinen.

Risiken gentechnisch veränderter Tiere

Die EFSA hat 2012 erstmals Richtlinien für die Prüfung der Risiken von Nahrungsmitteln vorgelegt, die von gentechnisch veränderten Tieren stammen. Zudem hat sie 2013 einen Entwurf für eine Richtlinie zur Prüfung der Risiken der Freisetzung gentechnisch veränderter Tiere veröffentlicht. Bei der Risikoabschätzung folgt die EFSA im Wesentlichen dem Ansatz der Risikoprüfung bei gentechnisch veränderten Pflanzen. Auch hier soll eine sogenannte »vergleichende Risikoprüfung« zur Anwendung kommen. Dabei werden gentechnisch veränderte Tiere (oder Produkte von diesen Tieren) mit konventionell gezüchteten Tieren verglichen. Stellt man keine unerwarteten Unterschiede fest, gelten die gentechnisch veränderten Tiere als gleichwertig und damit als sicher. Im Vergleich mit der Risikobewertung gentechnisch veränderter Pflanzen ergeben sich aber ganz neue Fragen. Das zeigen auch die Prüfrichtlinien der EFSA: In ihren Prüfrichtlinien räumt die EFSA (EFSA, 2013b) erhebliche Wissenslücken und Probleme mit der Komplexität der Risiken ein. Demnach ist die Risikobewertung bei gentechnisch veränderten Tieren grundsätzlich schwieriger als bei Gentechnik-Pflanzen. Einige Beispiele:

- Zu berücksichtigen sind beispielsweise die Ausscheidungen der Tiere und mögliche Krankheitserreger, die durch die Tiere verbreitet werden können. Krankheitserreger, die Hühner, Schweine und Rinder befallen, können zum Teil auch auf den Menschen übergehen.
- Bei vielen Tieren lässt sich die räumliche Ausbreitung nur schwer oder gar nicht kontrollieren. Dabei können die Tiere mit sehr unterschiedlichen Umweltbedingungen in Kontakt kommen, während der Anbau gentechnisch veränderter Pflanzen auf die Ackerflächen beschränkt ist.

- Ungewollte Nebeneffekte der gentechnischen Veränderung können zu unvorhergesehenen Eigenschaften und Verhaltensweisen der Tiere führen.
- Diese ungewollten Nebeneffekte können unter anderem durch die Folgen des Klimawandels verschärft werden.

Zudem gibt die EFSA zu, dass es keine Langzeituntersuchungen gibt und dass sich viele Effekte auch vor einer Freisetzung gar nicht abschätzen lassen. Trotzdem sei eine Risikobewertung möglich. Man könne Vorhersagen aus dem Verhalten anderer Tiere ableiten und gegebenenfalls Szenarien am Computer modellieren. Aus diesen Aussagen ist erkennbar, das die EFSA derzeit nicht plant, die Standards für die Risikoabschätzung tatsächlich so hoch zu hängen, wie das angesichts der vielen Wissenslücken notwendig wäre.

Obwohl die EFSA sich sogar für Fragen des Tierschutzes verantwortlich erklärt, bleiben ethische und sozioökonomische Bewertungen bei der Risikoabschätzung durch die EFSA außen vor. Dafür wäre die EU-Kommission zuständig. In einem gemeinsamen Schreiben forderten deswegen schon im Januar 2012 Umwelt-, Tier- und Verbraucherschützer sowie Milcherzeuger gemeinsam von der EU-Kommission, dass zunächst ein gesetzlicher Rahmen geschaffen werde, der sicherstellen soll, dass ethische und sozioökonomische Bedenken tatsächlich ausreichend berücksichtigt werden und vorerst keine weiteren Aktivitäten der EFSA gestartet werden sollten.

Gentechnologie und Tierschutz

Alle technischen Schritte, wie die Insertion von DNA-Konstrukten in die Zellen, die Vermehrung der Zellen im Labor und die Klonierung gentechnisch veränderter Tiere, können zu unerwünschten Gendefekten und zur Störung/Veränderung der Genregulierung (Epigenetik) der Tiere führen. So zeigen sich zum Beispiel bei geklonten Tieren oft Störungen der Genregulierung (Epigenetik), die zu erheblichen gesundheitlichen Problemen führen können. Der Prozentsatz der Totgeburten oder mit Schäden geborenen

Tieren ist bei Nutztieren hoch. Die Erfolgsquote liegt in der Regel bei etwa fünf Prozent – je nach Tierart auch darunter. Bei einzelnen Versuchen werden auch Erfolgsraten von 20 Prozent publiziert.

Dass der Einsatz der Gentechnik an Tieren auf keinen Fall als ethisch neutral anzusehen, sondern grundsätzlich mit negativen Auswirkungen bei den betroffenen Tieren zu rechnen ist, verdeutlicht unter anderem van Reenen (van Reenen et al., 2001), der schon an der Herstellung des »Bullen Herman« beteiligt war:

> »(...) es gibt überzeugende Argumente, um die These zu stützen, dass die Verfahren, die zur Herstellung transgener Tiere verwendet werden, in keiner Weise als biologisch neutral in Bezug auf die Tiergesundheit und Tierschutz angesehen werden können. Im Gegenteil, mehrere der Verfahren scheinen direkte negative Auswirkungen auf das Überleben von transgenen Nutztieren unmittelbar vor und nach der Geburt zu haben. Und es gibt Grund zur Annahme, dass offensichtliche Pathogenität und Letalität nur die Extreme eines breiten Spektrums von möglichen schädlichen Auswirkungen (...) sind, mit denen in diesem Zusammenhang im Hinblick auf Tiergesundheit und Tierschutz zu rechnen ist.«

Werden leistungssteigernde Merkmale verfolgt, kann dies zudem zu einer erhöhten Krankheitsanfälligkeit der Tiere und vermehrtem Tierleid führen.

Darüber hinaus gibt es aber auch neue ethische Fragen von erheblicher Tragweite, beispielsweise, ob nicht die genetische Identität von Tieren per Gesetz ganz grundsätzlich geschützt werden muss. Gerade diese Fragestellung wird vor dem Hintergrund neuer Technologien immer dringlicher (siehe unten).

NeXt: Synthetische Gentechnik

Inzwischen gibt es etliche invasive Technologien, das Genom von Tieren (und Pflanzen) zu verändern, die sich von den bisherigen Methoden unterscheiden. Insbesondere wurden verschiedene »DNA-Scheren« (Nukleasen) entwickelt, die die DNA an einer definierten Stelle aufschneiden und auch zur Einfügung (Insertion) von zusätzlicher DNA verwendet werden können. Zudem kann man durch die direkte Einbringung von kurzen DNA- oder RNA-Abschnitten (Oligonukleotide) in die Zelle erreichen, dass diese von der Zelle als Vorlage zum Umbau der eigenen DNA verwendet werden. Geschieht dies parallel an mehreren Stellen des Erbgutes, kann man auch größere Abschnitte des Erbgutes verändern beziehungsweise »umschreiben«.

Parallel zu den neuen Möglichkeiten, DNA zu übertragen, sind die Möglichkeiten zur DNA-Synthese systematisch ausgeweitet worden. In den Olivenfliegen der Firma Oxitec findet sich beispielsweise synthetische DNA, die aus Teilen des Erbguts von Meeresorganismen, Bakterien, Viren und anderer Insekten zusammengesetzt ist.

Bei Labortieren sind bereits verschiedene Verfahren der Synthetischen Gentechnik in der kommerziellen Anwendung. Verschiedene Firmen bieten Tiere an, die nach Bestellung an bestimmten Stellen im Erbgut beliebig mit synthetischer DNA manipuliert werden. Dabei können die Versuchstiere schon innerhalb einiger Wochen zur Verfügung gestellt werden – früher dauerte das Jahre.

Die neuen Technologien sollen auch an landwirtschaftlichen Nutztieren zur Anwendung kommen: So sitzt die bereits erwähnte Firma Intrexon an der Schnittstelle von Pharmaforschung und landwirtschaftlichen Nutztieren. Ihre Patente auf Säugetiere, deren Genregulation durch Insekten-DNA gesteuert werden soll, umfassen Mäuse, Ratten, Affen und Schimpansen, aber auch Rinder, Ziegen, Schweine und Schafe. Da das Management von Intrexon zum Teil aus ehemaligen Mitarbeitern von Monsanto besteht, könnte im Bereich Landwirtschaft ein künftiger Schwerpunkt der Firma liegen.

Ein technisches Hindernis gibt es bei den Nutztierarten noch: Anders als bei Labortieren gibt es hier bislang noch keine brauchbaren Kulturen von embryonalen Stammzellen. Diese Zellen können im Labor beliebig vermehrt werden und aus jeder dieser Zellen kann theoretisch auch wieder ein ganzer Embryo entstehen. Damit steigt die Wahrscheinlichkeit für eine erfolgreiche Genom-Veränderung erheblich. Bei großen Nutztieren ist es noch nicht gelungen, entsprechend geeignete Kulturen von embryonalen Stammzellen anzulegen, man arbeitet aber intensiv daran, derartige Zellen zu produzieren. Würde dieser Schritt gelingen, wäre noch einmal mit einer erheblichen Zunahme von Versuchen zu rechnen, transgene Nutztiere herzustellen.

Angesichts der neuen Möglichkeiten, in das Genom von Tieren einzugreifen, und vor dem Hintergrund erster Zulassungsanträge ergibt sich die Notwendigkeit zu einer neuen Kursbestimmung. Ethischen Fragen muss mehr Gewicht eingeräumt werden. Fragen, die die Würde und Integrität von Tieren betreffen, bekommen eine neue Aktualität. Bis heute gibt es beispielsweise keine Regelungen oder gar Verbote zum Schutz der genetischen Identität von Säugetieren.

9 Synthetische Gentechnik: Neue Möglichkeiten für radikale Eingriffe in das Erbgut

Es gab bereits mehrere Versuche, mithilfe der Synthetischen Biologie »künstliches Leben« zu erschaffen. Doch bisher scheinen diese Bemühungen nicht zu einem Durchbruch geführt zu haben. Zum Beispiel wurde 2007 bekannt, dass Craig Venter, einer der bekanntesten Protagonisten der Synthetischen Biologie, eine neue Lebensform zum Patent angemeldet hatte (WO 2007/047148). Dabei handelte es sich um einen Mikroorganismus mit einem Minimal-Genom, das auf die unabdingbaren Lebensfunktionen reduziert sein sollte. Jedoch scheint es bis jetzt nicht gelungen zu sein, derartige Organismen im Labor wirklich zum »Leben« zu erwecken. Statt dessen präsentierte das Team von Venter im Jahr 2010 einen anderen Mikroorganismus, dessen Erbgut zwar komplett im Labor resynthetisiert wurde, aber im Wesentlichen nicht neu war (Gibson et al., 2010). Die DNA wurde am Computer digitalisiert und im Labor resynthetisiert. Das Ergebnis ist sozusagen eine »naturidentische« Kopie. Das Experiment wurde von Wissenschaftlern um Craig Venter medienwirksam in Szene gesetzt. In der Pressemitteilung[48] des Craig Venter Instituts heißt es:

> »Dies ist der Beweis dafür, dass Erbgut am Computer entworfen, im Labor chemisch hergestellt und in eine Empfängerzelle übertragen werden kann, um eine neue vermehrungsfähige Zelle zu schaffen, die nur vom synthetischen Genom kontrolliert wird.«

48 Craig Venter Institute media release, 20. Mai 2010, Ref: Gibson, D. G. et al., (2010): »Creation of a Bacterial Cell Controlled by a Chemically Synthesized Genome«, Science, www.jcvi.org/cms/press/press-releases/full-text/article/first-self-replicating-synthetic-bacterial-cell-constructed-by-j-craig-venter-institute-researcher/

Einen Schritt weiter führt ein Experiment, dessen Ergebnis 2014 veröffentlicht wurde. Wissenschaftlern in den USA gelang es, das komplette Chromosom einer Hefezelle zu synthetisieren. Dabei wurden auch umfangreiche Abschnitte aus dem Erbgut entfernt, die für das unmittelbare Überleben der Zellen nicht notwendig erscheinen (Annaluru et al., 2014).

Eine noch weitergehende Perspektive auf die Synthetische Biologie bekommt man duch die Lektüre eines Buches von George Church und Ed Regis mit dem Titel »Regenesis – How Synthetic Biology Will Reinvent Nature and Ourselves« (Church & Regis, 2012). Church ist ein weiterer bekannter und erfolgreicher Protagonist der Synthetischen Biologie. Er betont eher die Möglichkeiten der Synthetischen Biologie für einen weitgehenden Umbau des Genoms bestehender Lebensformen als die Erzeugung völlig neuer Lebensformen. Nach Ansicht von Church & Regis erlauben es die neuen Technologien, große Teile des Erbguts umzuschreiben – auch beim Menschen (Church & Regis, 2012):

> » Dieselbe Technologie könnte zur Herstellung eines Neandertalers verwendet werden, man würde vom Genom einer menschlichen Stammzelle ausgehen und dieses Stück für Stück in das Genom eines Neandertalers umbauen (...). Wenn die Gesellschaft sich mit dem Klonen anfreundet und den Wert wahrer menschlicher Vielfalt erkennt, könnte die ganze Neandertaler-Kreatur mithilfe einer Schimpansen-Leihmutter oder mithilfe einer extrem mutigen menschlichen Frau geklont werden.«

Diese neuen Methoden zur Manipulation der DNA, die sich am einfachsten als »Synthetische Gentechnik« zusammenfassen lassen, unterscheiden sich erheblich von dem, was bisher in der Öffentlichkeit als Gentechnik wahrgenommen wird:

- Die DNA muss nicht mehr aus Lebewesen isoliert werden, sondern kann im Labor de novo synthetisiert werden.
- Die Struktur der DNA ist nicht mehr abhängig von natürlichen Vorlagen, sondern kann am Computer umgeschrieben oder aus Vorlagen unterschiedlicher Arten zusammengesetzt werden.

- Zum Teil muss gar keine DNA übertragen werden, sondern das Erbgut kann direkt in der Zelle »umgeschrieben« werden.
- Auch Versuche, die Regulierung der natürlichen Gene zu manipulieren, nehmen deutlich zu.

Hier werden drei Methoden kurz beschrieben, die weitreichende Veränderungen im Genom erlauben: die Gensynthese, sogenannte Genscheren (Nukleasen) und Oligonukleotide (kurze Stücke von DNA oder RNA).

Gensynthese

Wie in Abbildung 29 gezeigt, kann DNA inzwischen nicht nur sehr schnell sequenziert (analysiert), sondern aus digitalisierten Daten auch im Labor Schritt für Schritt resynthetisiert werden. Dabei kann die Struktur der DNA auch wesentlich verändert werden. Die Kosten für die Synthese von DNA sind in den letzten Jahren kontinuierlich gesunken. Parallel wurde es möglich, immer längere DNA-Stränge zu synthetisieren. Die künstliche DNA

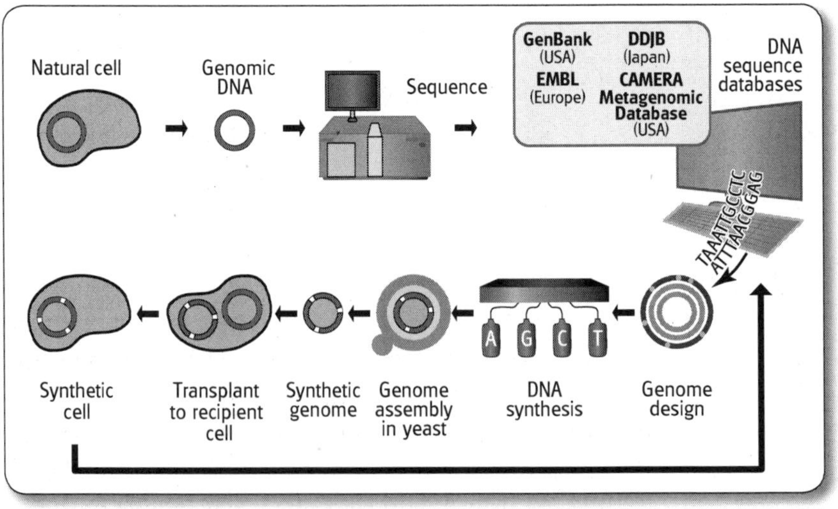

Abbildung 29: **DNA-Analyse und DNA-Synthese gehen Hand in Hand.** Quelle: US Presidential Commission for the Study of Bioethical Issues, www.bioethics.gov/documents/synthetic-biology/PCSBI-Synthetic-Biology-Report-12.16.10.pdf

kann dann in Zellen übertragen werden. Dazu werden unter anderem Genscheren verwendet (siehe unten). Wie erwähnt gibt es auch Mikroorganismen, deren Erbgut bereits vollständig synthetisch ist.

Übertragung und gezielte Insertion von neuer DNA (Genscheren)

Nukleasen sind Eiweiße (Enzyme), mit denen die DNA aufgetrennt werden kann – man nennt sie deswegen auch Genscheren. Solche Genscheren gibt es schon länger, allerdings konnte man damit die DNA nur an bestimmten Stellen »schneiden«. In den letzten Jahren wurden verschiedene neue Nukleasen entwickelt, die einen zielgerichteten Einbau oder Umbau von DNA an jeder beliebigen Stelle des Erbgutes ermöglichen sollen. Der aktuelle Star unter den Nukleasen wird CRISPR-Cas abgekürzt. CRISPR (Clustered Regularly Interspaced Short Palindromic Repeats) ist eine Art Gensonde, bestehend aus RNA, mit der eine bestimmte Stelle in der DNA angesteuert werden kann. RNA ist in der Lage, die Bausteine der DNA sozusagen spiegelbildlich abzubilden und »zu erkennen«. Über die spezifische RNA-Sequenz kann das CRISPR-Cas-System so auf ein Ziel programmiert werden. Die eigentliche »Genschere« ist das Enzym Cas, das mit der RNA zu einem Komplex verbunden ist. Es kann einen oder beide der Stränge der DNA gleichzeitig »aufschneiden«. Bei der Reparatur durch die zelleigenen Mechanismen entstehen an der fraglichen Stelle oft Mutationen. So können beispielsweise Gene stillgelegt werden. Es kann mithilfe vom CRISPR-Cas-System an dieser Stelle aber auch zusätzliche (im Labor synthetisierte) DNA eingebaut werden. Das System ist überraschend einfach und effizient zu handhaben. Die Entdeckung der Anwendungsmöglichkeiten des CRISPR-Cas-Systems liegt erst etwa zwei Jahre zurück, die Zahl von Publikationen hat seitdem rasch zugenommen, es gibt wie erwähnt bereits kommerzielle Anwendungen bei Versuchstieren. Auch andere Genscheren wie TALEN (Transcription Activator-Like Effector Nucleases) und Zink-Finger-Nukleasen funktionieren nach ähnlichen Prinzipien, sind aber schwieriger zu handhaben. Obwohl die Genscheren bereits vielfach Anwendung finden, ist ihre genaue Funktionsweise im Detail noch nicht bekannt. Dass die neuen Technologien, wie der Einsatz von Nukleasen und Oligonukleotiden, mit erheblichen Risiken verbunden sein können, zeigen unter anderem Untersuchungen an menschlichen Zellen (Fu et al., 2013): Demnach kann der Einsatz der CRISPR-Technologie dazu führen, dass im Erbgut viele zusätzliche ungewollte Mutationen entstehen. Unter anderem treten Verwechslungen der jeweiligen DNA-Zielregionen auf, die Nuklease zerschneidet das Erbgut dann an der falschen Stelle.

Oligonukleotide

Die Oligonkleotid-Technik basiert auf der Verwendung kurzer Abschnitte von synthetischer DNA (oder RNA), sogenannter Oligonukleotide. Diese bestehen nur aus wenigen Nukleotiden (den Bausteinen der DNA) und werden im Labor nach natürlichen Vorbildern hergestellt, dabei aber an bestimmten Stellen technisch verändert, um beispielsweise bei Pflanzen eine Resistenz gegen Unkrautvernichtungsmittel zu bewirken. Diese Oligonukleotide werden dann in die Zellen eingeschleust, wodurch es in der Zelle zu einer Veränderung der DNA an der gewünschten Stelle kommen soll und das Erbgut dem Vorbild aus dem Labor angepasst wird. Die genauen Mechanismen für diese Genom-Veränderung sind nicht bekannt (Lusser et al., 2011).

Nach Stellungnahmen verschiedener Experten (siehe z. B. ZKBS, 2012) soll dieses Verfahren grundsätzlich nicht als Gentechnik angesehen werden, sondern als Mutationszüchtung gelten. Doch diese Einschätzung beruht nicht auf wissenschaftlichen Fakten. Mit der Oligonukleotid-Technik kann man bei Pflanzen tatsächlich ähnliche Ergebnisse wie mit der Mutationszüchtung erreichen. Die Mutationszüchtung basiert aber auf den Mechanismen der natürlichen Genregulation. Hier führt ein unspezifischer Reiz von außen dazu, dass zufällige Veränderungen in der DNA der Pflanzen ausgelöst werden, wobei das Endergebnis ganz wesentlich von der Genregulation in den Pflanzen abhängig ist.

Bei der Manipulation mit Oligonukleotiden handelt es sich dagegen um ein invasives Verfahren, bei dem in die Zelle mit technischen Mitteln eingegriffen wird, um eine ganz bestimmte Veränderung herbeizuführen. Es ist daher nicht unwahrscheinlich, dass auch die möglichen Nebenwirkungen unterschiedlich sein können. Tatsächlich kommt es beim Einsatz dieser Technologie zu ungewollten Effekten (sogenannten off-target effects): Es ist möglich, dass durch den Eingriff in die Zellen auch an anderen Stellen die Struktur des Erbguts oder die Aktivität von Genen verändert wird (siehe z. B. Vogel, 2012; Pauwels et al., 2013). Bisher gibt es keine systematischen Untersuchungen um festzustellen, ob diese Effekte im Vergleich zu den Effekten, die bei natürlichen Mutationen auftreten, unterschiedlich sind.

Verfahren unter Einbringung von Oligonukleotiden können auch dazu verwendet werden, längere Abschnitte der DNA zu verändern, wie das zum Beispiel beim Multiplex Automated Genome Engineering (MAGE, siehe z. B. Carr et al., 2012) der Fall ist. Hierbei werden entweder nacheinander oder parallel mehrere Veränderungen am Erbgut einer Zelle vorgenommen, Schritt für Schritt können so weitreichende Veränderungen an der Struktur der DNA vorgenommen werden.

Viele Protagonisten proklamieren auf der Grundlage dieser Verfahren eine neue Ära der Super-Gentechnik. Nachdem man drei Jahrzehnte in der Pflanzenzucht lang mit Schrotschussverfahren gearbeitet hat, bei denen nicht einmal der Ort des Einbaus der zusätzlichen DNA kontrolliert werden konnte und komplexere gentechnische Veränderungen oft scheiterten, glaubt man sich jetzt in der Lage, das Erbgut und die Genregulation zielgerichtet, nach Belieben und ohne erhebliche Nebenwirkungen manipulieren zu können. Wortschöpfungen wie Genome Editing, Präzisionszüchtung oder Molekulare Züchtung sollen deutlich machen, dass man die Ära der Gentechnik-Steinzeit verlassen hat.

Tatsächlich bieten insbesondere die sogenannten Genscheren neue Möglichkeiten für den Eingriff ins Genom. Wie erste Studien an Pflanzen (Ackerschmalwand, Sorghum, Reis u. a.), Fischen, an Insekten und Säugetieren (u. a. Rinder) zeigen, sind Systeme der Genscheren wie CRISPR und TALEN universell einsetzbar und bieten die Möglichkeit, DNA gezielt und auch an mehreren Orten gleichzeitig zu verändern. Diese Technologien haben insbesondere deswegen eine besondere Brisanz, weil in den letzten Jahren die Verfahren zur DNA-Synthese immer weiter entwickelt wurden.

Diese synthetische DNA kann mithilfe der neuen Technologien an jeder beliebigen Stelle der DNA eingebaut werden – im Ergebnis erhält man so, wie erwähnt, Möglichkeiten zum radikalen Umbau des Erbgutes. Die Grenzen der Machbarkeit haben sich deutlich verschoben.

Aktuelle Anwendungen

Dass diese Technologien auch in der Agro-Gentechnik angewendet werden sollen, zeigt unter anderem ein Artikel in der *FAZ* vom 26. August 2012[49]. Dort heißt es bezüglich der TALEN-Technologie, dass multinationale Saatgutkonzerne wie Syngenta, Monsanto, Bayer Crop Science und die KWS Saatzucht AG bereits entsprechende Lizenzen erworben haben. Nach diesem Artikel stehen entsprechende Pflanzen bei der KWS schon im Gewächshaus. Etliche weitere Anwendungen, bei denen synthetische Gentechnik zum Einsatz kommt, befinden sich bereits in der Phase der Kommerzialisierung oder sind kurz davor. Hier einige Beispiele (einige davon haben wir schon in einem anderen Zusammenhang kennengelernt):

- Der bereits erwähnte Mais SmartStax ist eine gemeinsame Entwicklung der Konzerne Monsanto und Dow AgroSciences. Er produziert sechs gegen Schädlinge wirksame Insektizide und wurde gegen zwei Herbizide resistent gemacht. Wenigstens eines der Toxine, das als Cry1A.105 bezeichnet wird, beruht auf einer Fusionssynthese von DNA, für die es keine natürliche Vorlage gibt.[50]
- Gentechnisch veränderte Olivenfliegen der Firma Oxitec sollen unter anderem in Spanien zum Einsatz kommen, um wirtschaftliche Schäden zu bekämpfen, die durch Larven der Fliegen im Olivenanbau verursacht werden. In das Genom der Olivenfliege wurde synthetische DNA, bestehend aus Genen von Meerschwämmen, anderen Insekten, Bakterien und Viren eingebaut.[51] Durch Paarung mit den normalen Olivenfliegen

49 Stollorz, »Das Leben einmal neu redigiert«, Frankfurter Allgemeine Sonntagszeitung vom 26. August 2012, Nr. 34.

50 www.testbiotech.de/node/514

51 www.testbiotech.org/node/874

sollen tödliche Gene in die natürlichen Populationen eingeschleust werden: Die weiblichen Nachkommen sollen zugrunde gehen; die männlichen Nachkommen überleben und verbreiten ihre todbringende genetische Veranlagung immer weiter.

- Wie erwähnt, setzt auch die Firma Intrexon auf die Methoden der Synthetischen Biologie, um das Erbgut von Säugetieren und anderen Lebewesen radikal zu verändern. Intrexon sieht sich selbst als ein »führendes Unternehmen im Bereich der Synthetischen Biologie«. Nach dem Wortlaut der Homepage von Intrexon gehört es zu ihrem Geschäftsmodell, die genetische Kontrolle über alle möglichen Lebensformen zu ermöglichen[52]:

> »Das Unternehmen Intrexon .... konzentriert sich auf industrielle Anwendungen der Synthetischen Biologie. (...) Die technologisch fortgeschrittene biotechnologische Plattform des Unternehmens ermöglicht (...) eine nie dagewesene Kontrolle über die Funktion und den Output von lebendigen Zellen.«

Gleichzeitig meldet Intrexon Patente auf Säugetiere an, bis hin zu Schimpansen, die mit synthetischer DNA manipuliert wurden, die ursprünglich aus Insekten stammt.[53]

- Es gibt mehrere Anbieter von Versuchstiermodellen wie Charles River, die für die Pharmaforschung Mäuse und Ratten anbieten, die mit Technologien wie TALEN manipuliert wurden und »fast knock-in animal models« genannt werden. Diese Tiere werden auf Nachfrage als »kundenspezifisch manipulierte Nager« angeboten. Innerhalb von nur fünf Monaten können so Ratten oder Mäuse kreiert werden, die eine beliebige zusätzliche DNA an einer beliebigen (jeweils gewünschten) Stelle aufweisen (»knock-in«).[54]

---

52 www.dna.com/

53 http://www.testbiotech.org/en/investors_chimpanze

54 http://www.criver.com/products-services/basic-research/find-a-model/targatt-mouse

- Auch Menschen mit synthetisch hergestellter DNA könnte es viel schneller geben, als das Beispiel des Neandertalers dies vermuten lässt: Zum Beispiel arbeitet die Firma Inovio Pharmaceuticals an DNA-Impfstoffen, die ins Erbgut von menschlichen Immunzellen einfügt werden sollen, um spezifische Immunreaktionen hervorzurufen.[55]

Synthetische Gentechnik braucht neue gesetzliche Regelungen

Offensichtlich gibt es verschiedene Bereiche, die unter anderem das Risiko für Mensch und Umwelt und ethische Fragen betreffen und die von den bestehenden Gesetzen nicht ausreichend erfasst werden:

- Wie bereits erwähnt werfen Anwendungen wie die Olivenfliegen mit synthetischem Erbgut weitere, spezielle Fragen in Bezug auf unsere Verantwortung für die biologische Vielfalt auf: Dürfen wir Lethal-Gene in natürliche Populationen einführen, die in letzter Konsequenz nicht nur die Anzahl der Individuen reduzieren, sondern die gesamte Population ausrotten können?
- Dringenden Handlungsbedarf gibt es auch bei ethischen Fragen: Dürfen wir die genetische Integrität von Lebewesen zerstören und ihre genetische Identität grundlegend verändern? Das Beispiel der Schimpansen der Firma Intrexon und die Pläne von George Church zeigen die Dimension der Entwicklung. Und wie können wir den Anstieg der Tierversuche stoppen?
- Zudem gibt es im Bereich der biologischen Sicherheit (biosecurity) wachsenden Bedarf, die Synthese von DNA und den Zugang zu genetischer Information zu regulieren. Da die Synthese von DNA immer schneller geht und immer billiger wird, wächst auch das Risiko der gezielten Herstellung und des Missbrauchs gefährlicher biologischer Materialien für Kampfstoffe oder terroristische Anschläge. Zum Beispiel haben es

55 http://www.inovio.com/technology/

mehrere Forschergruppen geschafft, bekannte Krankheitserreger wie den Poliovirus und den Erreger der Spanischen Grippe künstlich herzustellen. Einem Journalisten der britischen Tageszeitung *The Guardian* gelang es im Jahr 2006, als Privatperson bei einer Gensynthese-Firma ein Fragment des Pockenvirus zu bestellen. Bislang sind Einrichtungen, die über das Potenzial verfügen, DNA auch in großen Abschnitten zu resynthetisieren, keiner gesetzlichen Überwachung im Hinblick auf das unterstellt, was sie tatsächlich synthetisieren.

- Die Folgen der Freisetzung von Organismen, die in ihrem Erbgut radikal verändert sind, lassen sich nicht verlässlich prognostizieren, insbesondere wenn deren Ausbreitung räumlich und zeitlich nicht kontrolliert werden kann. Probleme sieht hier unter anderem auch eine Expertenkommission der US-Regierung, die sich mit den Risiken der Freisetzung befasst hat[56]:

> »Bisher kann das Verhalten von Systemen im Bereich der Synthetischen Biologie nicht verlässlich vorhergesagt werden. Ihre Funktion kann normalerweise nicht auf der Basis von DNA-Sequenzen alleine abgeleistet werden, ebenso wenig wie auf Grundlage der Form oder anderer Charakteristika von Proteinen oder der biologischen Systeme, für die sie codieren. Es ist auch unbekannt, wie die biologischen Systeme sich weiterentwickeln. In den meisten Fällen entwickeln sich die biologischen Systeme, die von Wissenschaftlern verändert wurden, wieder rasch in den »Wildtyp« (...) zurück. Allerdings (...) schließt dies nicht die Möglichkeit aus, dass die Systeme sich auf unvorhergesehene und gefährliche Art und Weise weiterentwickeln, insbesondere wenn sie außerhalb des Labors freigesetzt werden.«

In der Konsequenz sollten keine Organismen mit synthetischem Erbgut freigesetzt werden, unabhängig davon, zu welchem Zweck sie vorgesehen sind.

56 www.bioethics.gov/documents/synthetic-biology/PCSBI-Synthetic-Biology-Report-12.16.10.pdf

10 Kampf um Märkte und Ressourcen

Angenommen, Sie hätten eine neue Technologie entwickelt, die für breite Teile der Bevölkerung keine Vorteile hat, sondern eher ein Risiko darstellt. Ihnen verspricht diese Technologie aber hohe Gewinne, sofern die Produkte von der Gesellschaft akzeptiert werden. Sie müssen also die Öffentlichkeit dazu bringen, Ihre Produkte in einem positiven Licht zu sehen und Risiken auszublenden. Wie starten Sie Ihren PR-Feldzug? Bei Strategiespielen muss man verschiedene Felder besetzen, Ressourcen organisieren, Gegner aus dem Spiel drängen. Ist man erfolgreich, kann man ab einer bestimmten kritischen Größe das Spiel weitgehend kontrollieren und die Gegner marginalisieren. Das eigene Territorium wird immer größer. Ganz ähnlich gehen die Gentechnik-Konzerne vor.

Bei den gentechnisch veränderten Pflanzen haben die Industrie und ihre Werbeagenturen aber das Problem, das die Produkte oft wenig attraktiv erscheinen. Wie verkauft man erfolgreich Produkte wie Mais, der Insektengift produziert und zudem unempfindlich gegenüber Spritzmitteln gemacht wurde?

Wie erwähnt, hat die Agro-Gentechnik bisher nur eine begrenzte Palette von Produkten erbracht. Im Wesentlichen handelt es sich um Pflanzen, die Insektengifte produzieren oder Herbizide tolerieren. Komplexere Merkmale wie Anpassung an den Klimawandel oder höhere Leistung werden dagegen oft viel erfolgreicher mithilfe der konventionellen Zucht erreicht. Insgesamt hat die Agro-Gentechnik ihre Ziele bislang klar verfehlt (siehe Tabelle 4, Seite 71).

Die Strategie der Gentechnik-Industrie war trotzdem in vielen Bereichen erfolgreich und zielte von Anfang an auf mehrere Ebenen:

- Technologien und biologische Vielfalt werden durch Patente monopolisiert, traditionelle Züchter aufgekauft;
- die Produkte, die auf den Markt kommen, sollen möglichst weltweit gehandelte Erntegüter mit hoher Nachfrage in den Industrienationen betreffen;
- Produkte wie der »Golden Rice« werden in den Vordergrund geschoben, man behauptet einen Nutzen für die Verbraucher und die Welternährung;
- man versucht Kennzeichnung und Trennung der Märkte zu verhindern;
- Risikoforschung und Wissenschaft werden in bestimmten Sektoren möglichst weitgehend auf die Interessen der Industrie ausgerichtet;
- Einflussnahme auf relevante Behörden und internationale Gremien.

Verschiedene Elemente dieser Strategie wurden bereits vorgestellt. Hier sollen einige strategischen Grundzüge anschaulicher gemacht werden.

Frühe strategische Planungen

Mögliche Märkte und Absatzwege für Gentechnik-Produkte wurden schon sehr früh systematisch analysiert, um die Gewinnstrategien der Konzerne abzusichern. 1992 veröffentlichte die OECD (Organisation für wirtschaftliche Zusammenarbeit und Entwicklung) eine Umfrage bei den Firmen, die im Bereich Agro-Gentechnik tätig waren (»Biotechnology, Agriculture and Food«, OECD, Paris, 1992). Das Ergebnis:

> »Von den Unternehmen, die auf dem Gebiet der Biotechnologie der Pflanzen tätig sind, wurden drei verschiedene Strategien genannt: Die erste besteht darin, als Lieferant spezieller Technologien (Genpakete) aufzutreten; die zweite basiert darauf, mithilfe der Biotechnologie Kontrolle über strategische Saatgutmärkte zu gewinnen; die dritte Strategie besteht darin, auf den nachgelagerten Märkten Fuß zu fassen, um so die industrielle Wertschöpfung für sich zu nutzen, die über die Einnahmen aus dem Verkauf von Saatgut allein nicht hereingeholt werden kann.«

Die OECD-Studie weist aber auch darauf hin, dass eine Marktstrategie, die vom Landwirt zum Verbraucher reicht, nur dann funktioniert, wenn die Produkte für den Verbraucher einen entsprechenden Mehrwert haben. Pflanzen, deren Anbau mit Herbiziden oder Insektiziden verbunden sei, hätten ein zu negatives Image. Um den Markt zu öffnen, müsse der Nutzen für die Verbraucher gezeigt werden, um ein positives Image zu schaffen. Dabei sollten unter anderem »Produktverbesserungen« wie »höherer Nährwert, bessere Qualität und Lagerfähigkeit« betont werden.

Allerdings erlitten diese strategischen Bemühungen eine ernsthafte Schlappe, von der sich die Firmen bis heute nicht ganz erholt haben: Die mit großem Medienrummel 1994 in den USA eingeführte »Anti-Matsch-Tomate« war ein teurer Flop. Die Tomate, die länger frisch bleiben sollte, ließ sich nur mit erhöhtem Aufwand ernten und fand bei den Verbrauchern in den USA wenig Zustimmung. Schon 1997 war die Tomate wieder vom Markt verschwunden. Seitdem wurde immer wieder angekündigt, dass Produkte von gentechnisch veränderten Pflanzen mit speziellem Nutzen für die Verbraucher (wie der »Golden Rice«, siehe oben) hergestellt würden – bisher ist aber nichts auf den Markt gekommen, das eine tatsächliche Bedeutung für die Verbraucher hat.

Die bisher vermarkteten Mais-, Soja-, Raps- und Baumwollsaaten können unter Umständen gewisse Vorteile für die industrielle Landwirtschaft haben, dies trifft aber nicht für die Verbraucher zu. Ins Absurde getrieben wird diese Produktionslogik durch Mais wie »SmartStax«, der sechs verschiedene Insektengifte produziert und zwei Herbizide toleriert. Weitaus erfolgreicher als der Versuch, einen Nutzen für die Verbraucher zu schaffen, waren die Konzerne bei anderen Strategien wie der Kontrolle über die Saatgutmärkte und einer weitgehenden Gleichschaltung der Wissenschaft.

Übernahme der Saatgutmärkte

Nach der Analyse der OECD von 1992 (siehe oben) geht es um drei Marktbereiche, die entscheidend sind: (1) Die Konzerne bieten patentierte Technologien an, (2) sie wollen die Kontrolle über die Märkte für Saatgut gewinnen und (3) letztlich geht es um die sogenannten »nachgelagerten Märkte«

für agrarische Produkte wie Lebensmittel, Futtermittel, Papier, Holz und Energie. Die genannten Marktbereiche bieten damals wie heute unterschiedliche Gewinnaussichten. Das Marktsegment für kommerziell gehandeltes Saatgut lag in den 1990er-Jahren weltweit bei etwa 15 Milliarden US-Dollar (Rabobank, 1996). Ähnlich eingeschätzt wurde das Marktvolumen für Herbizide, Fungizide und Insektizide (OECD, 1992). Das größte Stück vom Kuchen aber gibt es dort zu holen, wo die Verbraucher für ihre Lebensmittel bezahlen: Allein für Nahrungs- und Futtermittel, die aus Getreide hergestellt wurden, veranschlagte die OECD 1992 eine Weltproduktion im Wert von 250 Milliarden US-Dollar.

Die Konzerne richteten ihr Bemühen zunächst auf die Kontrolle der Ressource, die für die gesamte Kette der Nahrungsmittelproduktion – und damit für das Überleben der Menschheit – unverzichtbar ist: Saatgut. Vor etwa 20 bis 30 Jahren bot sich hier eine einmalige Option für die Großunternehmen der Agrochemie: Sie hatten eine neue Technologie entwickelt, Saatgut technisch zu verändern. Damit konnten sie nicht nur die technische Qualität des Saatguts manipulieren, sondern ihre Gentechnik-Saaten auch zum Patent anmelden. So entstanden neue Monopole beziehungsweise Oligopole auf Züchtung und Verkauf der lebensnotwendigen Körner. Zuvor besaßen die Züchter zwar nach dem Sortenschutz bereits ein exklusives Recht auf den Verkauf von Saatgut – die weitere Züchtung aber konnten sie nicht kontrollieren. Alles Saatgut, das auf dem Markt verfügbar war, konnte von allen Züchtern genutzt werden, um noch besseres Saatgut herzustellen. Patente ermöglichen es aber, den Zugang zu Saatgut massiv einzuschränken.

Die Agrochemiekonzerne begannen also in den 1980er- und 1990er-Jahren systematisch, die Unternehmen der Saatgutbranche aufzukaufen. Damit hatten die entstehenden Agrarriesen nicht nur eine neue Technologie, um das Erbgut zu manipulieren, sondern auch den Zugriff auf das Züchtungsmaterial der Zukunft: Denn mit Firmen wie Pioneer, Holden's Seeds, DeRuiter und Seminis erwarben die Konzerne auch deren Saatgutbanken, in denen die Ergebnisse jahrzehntelanger züchterischer Arbeit, Sammlungen aus allen Regionen der Welt und Proben kommerziell gehandelten Saatguts lagern. Konzerne wie Monsanto und DuPont kauften die

Schatzkammern der Welt einfach auf und niemand war da, der sie daran gehindert hätte. Dabei hatten Firmen wie Monsanto und DuPont, die heute den Saatgutmarkt dominieren, bis zum Ende der 1980er-Jahre tatsächlich kaum in Pflanzenzucht investiert. Die Züchtung von Saatgut erfordert ein spezifisches Wissen und einen langen Atem. Daran hatten die Agrochemie-Multis zunächst kein Interesse. Aber laut OECD hatten sie schon 1988 zweistellige Millionenbeträge in die Gentechnik investiert.

Tabelle 10: **Investitionen einiger ausgewählter Saatgutfirmen (Pioneer, Limagrain, KWS) und Agrochemiekonzerne (Monsanto, DuPont, Ciba Geigy) aus dem Jahre 1988, Angaben in Millionen US-Dollar.** Quelle: OECD, 1992.

Firmen	Ausgaben herkömmliche Zucht	Ausgaben Pflanzen-Biotechnologie
Pioneer	46	7
Limagrain	22	5
KWS	18	5
Ciba-Geigy (heute Syngenta)	9	17
Monsanto	1	15
DuPont	0	20

Monsanto gab in den Jahren 1997/98 etwa acht Milliarden US-Dollar für die Übernahme von Saatgutfirmen aus, was in etwa seinem gesamten Umsatz in diesen Jahren entsprach. Damit wurde Monsanto zur Nummer zwei im weltweiten Saatgutmarkt. 1997 und 1999 kaufte der Chemiekonzern DuPont den Marktführer bei Saatgut, die Firma Pioneer HiBred, für fast zehn Milliarden US-Dollar. Schon 2008 war Monsanto Weltmarktführer bei Saatgut, DuPont folgte auf Platz zwei, Syngenta auf Platz drei. Faktisch hatten damit gerade die Konzerne, die seit den 1980er-Jahren in Gentechnik investierten, große Anteile am globalen Saatgutmarkt übernommen. Heute kontrollieren sie über 50 Prozent des Marktes (siehe oben, Tabelle 6, Seite 125). Auch der deutsche Chemiekonzern Hoechst mischte im Saatgutgeschäft kräftig mit. Nach der Auflösung landeten Hoechsts Anteile im Wesentlichen bei Bayer.

Im Netz der Konzerne

Auch die vielen Kritiker hatten das volle Ausmaß der Entwicklung nicht vorhergesehen. Der Agrarkonzern Monsanto beherrscht etwa 25 Prozent des gesamten weltweiten Saatgutmarktes. Er dominiert nicht nur bei gentechnisch veränderter Baumwolle, Mais und Soja, sondern zum Beispiel auch im Bereich der Gemüsezucht: Mit Seminis und DeRuiter hat der Konzern die weltgrößten Hersteller von Gemüsesaatgut aufgekauft, Gentechnik spielt bei diesen Züchtern bisher kaum eine Rolle. Es sind weltweit aktive Unternehmen, auf deren Saatgut, zumindest bei bestimmten Sorten, auch Gärtner im ökologischen Landbau und private Kleingärtner zurückgreifen. So sind wir alle, ohne es zu merken, zu »Kunden« und »Geschäftspartnern« von Monsanto geworden.

Ein Bericht von Schweizer Organisationen, der im Jahr 2012 veröffentlicht wurde[57], zeichnet ein alarmierendes Bild der europäischen Gemüsezucht. Demnach kontrolliert Monsanto bereits 36 Prozent des Tomatensaatguts, das beim Europäischen Amt für Sortenschutz registriert ist. Zudem gehören Monsanto 32 Prozent der Paprikasorten und 49 Prozent der Blumenkohlsorten. Ein zweiter großer Konzern im Bereich der Gemüsezucht, Syngenta, besitzt 26 Prozent des Saatguts bei Tomaten, 24 Prozent bei Paprika und 22 Prozent bei den Blumenkohlsorten. Im Ergebnis kontrollieren Monsanto und Syngenta zusammen bereits mehr als die Hälfte der gehandelten Sorten dieser drei Gemüsearten. Nach einem Bericht der EU-Kommission (EU Commission, 2013b) kontrollieren nur fünf Konzerne einen Anteil von 95 Prozent des Saatgutmarktes für Gemüse in der EU.

Auch viele der aktuellen Patentanmeldungen zielen auf konventionelles, nicht gentechnisch verändertes Gemüse. Es ist sehr wahrscheinlich, dass gerade diese Patente deutliche Auswirkungen auf den Markt für Lebensmittel haben werden. Geht die Entwicklung ungebremst weiter, wird es in Zukunft kaum mehr Saatgut auf dem Markt geben, das nicht patentiert ist – auch wenn gar keine Gentechnik im Spiel war. Die Patentierung von Pflanzen (und Tieren) kann auch dazu führen, dass die Preise für Lebens-

57 http://www.evb.ch/cm_data/Saatgutmarkt_Juni_2012.pdf

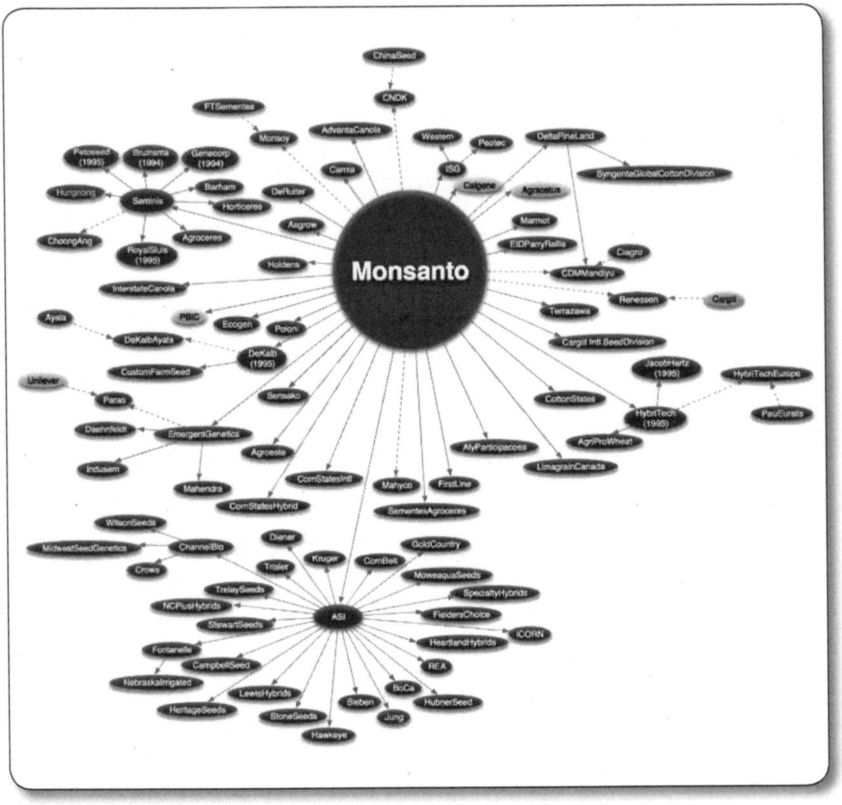

Abbildung 30: Das Firmengeflecht von Monsanto. Zum Konzern gehören große Maiszüchter wie DeKalb ebenso wie der weltgrößte Gemüsezüchter Seminis.
Quelle: Howard, 2009.

mittel steigen, die Auswahl für Landwirte und Verbraucher reduziert wird und Bemühungen, noch bessere Pflanzen zu züchten, behindert werden.

Tatsächlich können die Monopolisten erheblichen Einfluss auf Preise und Auswahl im Saatgutmarkt nehmen. Wie bereits gezeigt, sieht man das unter anderem an den aktuellen US-Saatgutpreisen. Seit 1996/1997 lassen sich insbesondere bei denjenigen Pflanzenarten drastische Preissteigerungen beobachten, bei denen in großem Umfang gentechnisch veränderte Sorten in den Markt eingeführt wurden. Im selben Zeitabschnitt hat sich der Ertrag bei diesen Pflanzenarten nur geringfügig erhöht.

Howard (2009) gibt einen Überblick über das Imperium von Monsanto, der deutlich macht, dass nicht nur Soja, Mais und Baumwolle, sondern auch Gemüsezüchter im Fokus des Konzerns sind.

Wie die Märkte unter Druck gesetzt werden

Können die Produkte der Agro-Gentechnik nicht an die Verbraucher verkauft werden, kann das patentierte gentechnisch veränderte Saatgut auch nicht an die Landwirte verkauft werden. Um die Produkte durchzusetzen, muss eine klare Kennzeichnung und Trennung von Gentechnik und konventionell möglichst vermieden werden. Die Industrie hat sich in den USA deswegen lange erfolgreich gegen eine Kennzeichnung von Gentechnik in Lebensmitteln gewehrt. Die Verbraucher brachte sie damit um eine echte Wahlmöglichkeit. Dagegen hat die EU eine Kennzeichnung vorgeschrieben – alle Lebensmittel, in denen Produkte enthalten sind, die von gentechnisch veränderten Organismen stammen, müssen gekennzeichnet werden. Diese Transparenz im Markt hat dazu geführt, dass Lebensmittelhersteller, Handel und Verbraucher eine klare Wahl getroffen haben: Gentechnik-Lebensmittel spielen in der EU bisher keine große Rolle, auch wenn die gesetzlichen Vorgaben nicht immer konsequent umgesetzt werden. Die versuchsweise eingeführten Waren, zum Beispiel ein Snack – »Butterfinger« mit Namen – von Nestlé, die in den 1990ern auf dem europäischen Markt waren, endeten als Ladenhüter.

Aber auch in der EU verdienen Monsanto und Co längst an unserem Konsum. Wir zahlen für den Import von gentechnisch veränderter Soja, wenn wir Fleisch, Milch und Eier kaufen – denn in den meisten Ställen werden die Gentech-Bohnen verfüttert. Jedes Jahr werden etwa 30 bis 40 Millionen Tonnen Soja in die EU importiert, überwiegend wurde es mit gentechnisch verändertem Saatgut von Monsanto erzeugt. Die Industrie hat erfolgreich verhindert, dass Produkte wie Fleisch, Milch und Eier von Tieren, die mit Gentechnik gefüttert werden, gekennzeichnet werden müssen.

Warum werden also ausgerechnet Monsantos transgene Sojabohnen verfüttert? Die Konzerne haben eben die entscheidenden strategischen

Felder besetzt: In den USA, Argentinien und zum Teil auch in Brasilien gibt es immer weniger Sojasaatgut ohne Gentechnik. Auch in neue, konventionell gezüchtete Sorten werden oft die Genkonstrukte von Monsanto eingekreuzt. Gleichzeitig hat Europa in den letzten Jahrzehnten kaum noch eiweißhaltige Futtermittel angebaut. Hier baut man vor allem Mais an, der Stärke produziert. Eiweißhaltige Pflanzen wie Ackerbohnen, Erbsen, Lupinen und sogar Soja könnten in Europa durchaus (wieder) kultiviert werden, um entsprechende Futtermittel zu produzieren. Doch um wirtschaftlich zu arbeiten, müsste auch das Saatgut weiterentwickelt werden. Bisher gab es hier allerdings wenig Anreiz, neues Saatgut zu züchten, Anbau- und Erntesysteme zu entwickeln und die landwirtschaftliche Produktion an andere Futtermittel anzupassen – man verließ sich auf die Importe von den Gentechnik-Plantagen Amerikas. Im Ergebnis ist Europa bei diesen Futtermitteln derzeit nicht wettbewerbsfähig und daher abhängig von Importen.

Vor diesem Hintergrund startete der Deutsche Bauernverband im Jahre 2009 sogar eine Postkartenaktion mit dem Ziel, bei Futtermitteln die Verunreinigung mit gentechnisch veränderten Pflanzen auch dann zuzulassen, wenn diese in Europa gar nicht genehmigt sind – so sollten die Märkte für billige Futtermittelimporte aufrechterhalten werden. Zudem setzte sich der Verband auch für eine beschleunigte Zulassung von gentechnisch veränderten Futterpflanzen ein. Und die Politik, von der deutschen Bundesregierung bis hin zur EU-Kommission, ist eifrig dabei, diese Forderungen zu erfüllen. Letztlich nützt das den Interessen der Agrarindustrie. So lassen sich Bauern, internationale Märkte und Politiker von Konzernen wie Monsanto, die um die Abhängigkeit von Soja und Mais wissen, regelrecht erpressen – auf Kosten der Sicherheit von Landwirtschaft, Umwelt und Verbrauchern.

Die Zulassungsprüfungen wurden also beschleunigt: Weil in Amerika keine Trennung von transgenen und nicht transgenen Pflanzen bei Anbau und Ernte stattfindet, müssen die dort erzeugten Sojabohnen möglichst rasch in der EU zugelassen werden, um die internationalen Märkte offen zu halten. Und schließlich wurden auch Kontaminationen mit gentechnisch veränderten Pflanzen zugelassen, um den Import der billigen Ware nicht zu gefährden. Die Nulltoleranz gegenüber Verunreinigungen mit nicht zugelassenen Gentechnik-Pflanzen wurde bei Futtermitteln 2011 aufgehoben – auch bei Saatgut und Lebensmitteln drängt die Industrie auf eine Lockerung der Regeln. Die Tatsache, dass beim Anbau dieser Soja in Argentinien und Brasilien immer mehr Regenwald vernichtet wird und dass auch in den USA der Verlust an Biodiversität stärker spürbar wird, spielt im Zulassungsprozess ohnehin überhaupt keine Rolle – genausowenig wie Berichte über zunehmende Gesundheitsprobleme der Bevölkerung verschiedener Regionen Argentiniens, in denen diese Soja seit Jahren angebaut und mit Chemikalien besprüht wird.

Es gibt bisher keine umfassende europäische Strategie, Züchtung und Landwirtschaft auf umweltgerechte und nachhaltige Produktion auszurichten. Man begnügt sich mit Stückwerk und überlässt die Märkte dem Gesetz des Stärkeren. Die EU mit ihren etwa 500 Millionen Verbrauchern und einer mit Milliarden subventionierten Landwirtschaft hat es nicht geschafft, eine nachhaltige Landwirtschaft aufzubauen – und muss sich deswegen dem Diktat der Märkte beugen, die von Konzernen wie Monsanto beherrscht werden. So muss sich die EU-Politik für den Import von Produkten einsetzen, die hier eigentlich niemand haben will. Bauernverbände, Lebensmittelhersteller und Politiker haben zu wenig dafür getan, Umwelt und Verbraucher zu schützen und eine zukunftsfähige Landwirtschaft zu entwickeln. Deswegen droht die Gesellschaft den Kampf um die Ressourcen der Lebensmittelerzeugung zu verlieren. Allerdings löst diese Situation durchaus auch Gegenreaktionen aus: Handelsunternehmen wie tegut, Rewe und Edeka setzen verstärkt darauf, bei ihren Eigenmarken die Gentechnik aus den Futtermitteln zu verbannen und einheimische Eiweißfuttermittel einzusetzen. Auch viele Milcherzeuger und Eierproduzenten setzen auf Futtermittel ohne Gentechnik-Pflanzen und nutzen teilweise die freiwillige Kennzeichnungsmöglichkeit »ohne Gentechnik«[58]. Zudem wird unter anderem mit Unterstützung der Regierungen von Österreich und Bayern in der Donauregion der Anbau von gentechnikfreier Soja vorangetrieben.[59]

58 www.ohnegentechnik.org/

59 www.donausoja.org/donau-soja

Die nächste Runde im globalen Poker und die Rolle der Wissenschaft[60]

Im Juni 2013 einigten sich die USA und die EU über die Aufnahme von Verhandlungen über ein Freihandelsabkommen, das sogenannte Transatlantic Trade and Investment Partnership, TTIP. Als Stolperstein für ein derartiges Abkommen könnten sich die Gentechnik-Regeln der EU erweisen. Auch wenn es bei deren Umsetzung deutliche Defizite gibt, schreiben diese vor[61], dass

- alle gentechnisch veränderten Organismen (GVO) vor einer Inverkehrbringung auf Risiken geprüft werden,
- bei jeder Freisetzung oder Zulassung von GVO das Vorsorgeprinzip beachtet werden muss,
- Lebens- und Futtermittel, die aus GVO hergestellt sind, einer Kennzeichnung unterliegen.

Kern der EU-Regeln für den Umgang mit Risiken im Bereich der Lebensmittelerzeugung ist die EU-Verordnung 178/2002, die festlegt, dass das Vorsorgeprinzip zur Anwendung kommen kann, um ein hohes Schutzniveau für Mensch und Umwelt zu erreichen. In Artikel 7 heißt es:

> »In bestimmten Fällen, in denen nach einer Auswertung der verfügbaren Informationen die Möglichkeit gesundheitsschädlicher Auswirkungen festgestellt wird, wissenschaftlich aber noch Unsicherheit besteht, können vorläufige Risikomanagementmaßnahmen zur Sicherstellung des in der Gemeinschaft gewählten hohen Gesundheitsschutzniveaus getroffen werden, bis weitere wissenschaftliche Informationen für eine umfassendere Risikobewertung vorliegen.«

60 Dieses Kapitel beruht im Wesentlichen auf einem Bericht, der 2014 für den EU-Abgeordneten Martin Häusling verfasst wurde (Then, 2014).

61 EU-Richtlinie 2001/18, EU-Verordnung 1829/2003.

Das Vorsorgeprinzip ist auch die gesetzlich verankerte Basis der Risikobewertung und des Risikomanagements bei der Freisetzung und Inverkehrbringung gentechnisch veränderter Organismen in der EU (Artikel 1 der Dir. 2001/18). Auf der Grundlage des Vorsorgeprinzips können zwar gentechnisch veränderte Organismen (GVO) in Verkehr gebracht werden, auch wenn noch Unsicherheiten bezüglich deren tatsächlicher Risiken für Mensch und Umwelt bestehen, allerdings müssen bei der Zulassungsprüfung und auch nach einer Freisetzung oder Inverkehrbringung von GVOs geeignete Vorsorgemaßnahmen zur Anwendung kommen (Krämer, 2013). Das Vorsorgeprinzip soll also insbesondere dann zur Anwendung kommen, wenn es darum geht, mit Unsicherheiten und Nichtwissen umzugehen, weil weder eindeutige Nachweise für die Gefahren noch für die Sicherheit von Produkten vorliegen.

Dagegen werden in den USA entsprechende Produkte nur von Fall zu Fall geprüft. Es gibt auch eine ganze Reihe von gentechnisch veränderten Pflanzen, die in den USA überhaupt keiner Risikoprüfung unterzogen werden müssen, bevor sie auf den Markt gelangen.[62]

Das Beispiel des EASAC-Reports

Es überrascht nicht, dass rechtzeitig zum Start der Verhandlungen über das neue Freihandelsabkommen mit den USA im Juni 2013 ein Report veröffentlicht wurde, der darauf abzielt, die Standards der Risikoprüfung für gentechnisch veränderte Pflanzen in der EU deutlich abzusenken. Im Namen des European Academy Scientific Advisory Panels (EASAC, 2013) präsentieren unter anderem bekannte Befürworter der Agro-Gentechnik wie Joachim Schiemann und Jörg Romeis[63] ihre Sicht der Dinge. Wie einseitig der Bericht der EASAC ausgerichtet ist, zeigt sich unter anderem darin, dass die Einführung von neuen GVOs als eine Priorität bezeichnet wird:

62 http://www.nature.com/news/cropping-out-regulation-7.11963?article=1.13580
63 Zu Schiemann und Romeis siehe u. a. www.testbiotech.org/node/784

» Die Prioritäten beinhalten die Einführung von Insektenresistenz und Herbizidtoleranz bei Weizen, Gerste, Raps, Sojabohnen, Kartoffeln, Kohlgemüse und anderen im Gartenbau genutzten Pflanzen.«

Der Kern der Forderungen des EASAC-Berichts: Man solle die Gentechnologie nicht länger als Risikotechnologie ansehen und die bisherigen Regulierungen lockern. Insbesondere das Vorsorgeprinzip, das in der EU die Basis der Risikoprüfung ist, sei überholt. Die Autoren der EASAC schlagen vor, eine Zurückweisung von Anträgen zum Anbau und zur Vermarktung gentechnisch veränderter Pflanzen nur noch dann zu erlauben, wenn eindeutige Beweise dafür vorliegen, dass die Pflanzen tatsächlich negative Auswirkungen haben. Das bedeutet, verboten würde möglicherweise erst dann, wenn sich Umwelt- oder Gesundheitsschäden schon ereignet haben. Man solle auch nicht mehr alle GVOs auf ihre Risiken überprüfen, sondern nur noch einzelne Produkte, von denen bereits bekannt ist, dass von ihnen Gefahren und Schädigungen ausgehen. Zudem wird der »Nachweis« für den Nutzen gentechnisch veränderter Pflanzen in den Vordergrund gestellt:

» (...) in Übereinstimmung mit anderen Sektoren sollte es das Ziel sein, die Eigenschaften und/oder Produkte zu regulieren, aber nicht die Anwendung einer Technologie in der Landwirtschaft. Das gesetzliche Regelwerk sollte auf eindeutigen wissenschaftlichen Nachweisen beruhen. Es gibt keinen allgemein akzeptierten wissenschaftlichen Nachweis dafür, dass gentechnisch modifizierte Pflanzen größere negative Auswirkungen auf Gesundheit und Umwelt haben als irgendeine andere Technologie, die in der Pflanzenzüchtung genutzt wird. Es gibt überzeugende Nachweise, dass gentechnisch modifizierte Pflanzen zu den Zielen einer nachhaltigen Landwirtschaft beitragen können und Vorteile für Landwirte, Verbraucher, die Umwelt und die Wirtschaft bringen.«

Die von den Autoren genannten angeblichen »Nachweise« für den Nutzen der Technologie sind allerdings genauso umstritten wie die Sicherheit der Produkte.

Würden sich die Autoren von EASAC mit ihrer Meinung durchsetzen, würde das bedeuten:

- Ersatz des Vorsorgeprinzips durch ein Zulassungssystem, bei dem nur noch bereits bewiesene Schäden bei Mensch und Umwelt überprüft werden;
- Abschaffung von einheitlichen Zulassungsverfahren für gentechnisch veränderte Organismen;
- Abschaffung einer einheitlichen Kennzeichnung für GVO und damit weniger Transparenz und Auswahlmöglichkeiten für Landwirte und Verbraucher.

Die EASAC-Studie befasst sich auch mit den neuen Technologien, die zum Bereich der Synthetischen Gentechnik gehören. Ihrer Meinung nach sollen zumindest einige der neuen Verfahren komplett von der Gentechnik-Gesetzgebung ausgenommen werden:

> »(...) hier gibt es dringenden Handlungsbedarf, sich über den Regelungsbedarf der neuen Züchtungstechnologien zu einigen und ganz besonders zu bestätigen, welche Produkte nicht in den Bereich der Gentechnik-Gesetzgebung fallen.«

Gleichzeitig verweisen aber auch die Autoren der EASAC darauf, dass in Zukunft neue Technologien zur Verfügung stehen, die neue radikale Möglichkeiten zur gentechnischen Veränderung von Pflanzen beinhalten:

> »Zukünftig könnten sich durch weltweite wissenschaftliche Entdeckungen sehr viele radikale Möglichkeiten für Nutzpflanzen eröffnen, wie die Einführung von Pflanzen, bei denen neue Eigenschaften auf einer Vielzahl von Genen beruhen (...).«

Wie bereits gezeigt, sind die Möglichkeiten zur Genom-Veränderung tatsächlich dramatisch angewachsen. Dass man angesichts dieser Entwicklung fordert, die Standards für die Zulassungen abzusenken und einige der neuen Technologien komplett von der Regulierung auszunehmen, ist nicht nachvollziehbar.

Es darf auch nicht übersehen werden, dass die Gentechnik-Pflanzen, die derzeit zur Zulassung anstehen, zusätzliche Fragen aufwerfen. Pflanzen wie »SmartStax+« oder »Syngenta Six« enthalten nicht nur einzelne zusätzliche DNA-Abschnitte, sondern produzieren sechs verschiedene Insektengifte und sind resistent gegen mehrere Unkrautvernichtungsmittel. Über die vielen möglichen Wechselwirkungen zwischen den einzelnen Komponenten gibt es aber kaum Untersuchungen. Auch Pflanzen mit Trockenheitstoleranz, veränderter Ölqualität, neuen Resistenzen gegen Herbizide und weiteren Insektengiften weisen Eigenschaften auf, über die bisher nur wenige Erfahrungen vorliegen.

Wie in den vorangegangenen Kapiteln gezeigt wurde, führt die derzeitige Entwicklung Schritt für Schritt weg von traditionellen Systemen der Landwirtschaft und der Züchtung, in denen jahrhundertelange Erfahrung steckt und von denen relativ wenige Risiken ausgehen, hin zu Systemen, die neu, störanfällig, immer komplexer und mit immer mehr Risiken verbunden sind. Wenn man sich auf diese Anwendungsgebiete und Technologien einlassen will, müsste man gleichzeitig das Vorsorgeprinzip extrem stärken. Es wäre die einzige Möglichkeit, rationell und verantwortungsbewusst mit den vielen Unsicherheiten und den faktischen Grenzen unseres Wissens umzugehen.

Es gibt mehrere Lobbyinitiativen, die in eine ähnliche Richtung wie der EASAC-Report gehen. So forderten Ende Oktober 2013 Unternehmen wie Bayer, BASF, Dow Chemical, Dow AgroScience, Novartis und Syngenta AG in einem gemeinsamen Schreiben an die EU-Kommission die Einführung eines »Innovation Principle«, das man dem Vorsorgeprinzip gegenübersetzen müsse[64]:

64 http://corporateeurope.org/sites/default/files/corporation_letter_on_innovation_principle.pdf

»Unsere Sorge ist, dass die notwendige Balance zwischen Vorsorge und Verhältnismäßigkeit zunehmend durch ein System ersetzt wird, bei dem einfach auf das Vorsorgeprinzip und die Vermeidung technologischer Risiken gesetzt wird.«

Begleitet wird diese Lobbykampagne durch wiederholte Verlautbarungen darüber, dass man bisher keinen Beweis für Schäden durch Gentechnik gefunden habe und dass vielmehr »Konsens« darüber bestehen würde, dass die Pflanzen sicher seien. Anne Glover, die vom früheren Präsidenten der EU-Kommission, Manuel Barroso, zur wissenschaftlichen Chefberaterin der EU-Kommission ernannt wurde, ist eine der Wortführer, die schlichtweg die Risiken gentechnisch veränderter Organismen in Abrede stellen[65]:

»Es gibt keinen belegbaren Fall für irgendwelche negativen Auswirkungen auf die menschliche Gesundheit, die Tiergesundheit oder die Umwelt, was ein ziemlich robuster Beweis ist, und ich würde so weit gehen zu sagen, dass es kein größeres Risiko ist, Gen-Food zu essen, als Produkte aus der normalen Landwirtschaft.«

Die EU-Kommission hat bereits einen Termin genannt, zu dem die Regeln für die Risikobewertung von gentechnisch veränderten Pflanzen auf den Prüfstand kommen sollen: Man wartet derzeit auf das Ergebnis eines Projektes, das von der EU finanziert wird und Ende 2015 beendet sein soll.[66] Der Titel des Projektes wird mit GRACE abgekürzt, was für GMO Risk Assessment and Communication of Evidence steht. Es wird von bekannten Befürwortern der Agro-Gentechnik wie Joachim Schiemann geleitet, der am staatlichen Julius-Kühn-Institut in führender Funktion für das Thema zuständig ist und dem seit Jahren enge Beziehungen zur Industrie nachgesagt werden.[67] Ein mögliches Szenario nach Beendigung des Projektes: Sollte als Ergebnis behauptet werden, dass es keine eindeutigen Beweise

65 www.euractiv.com/print/innovation-enterprise/commission-science-supremo-endor-news-514072
66 www.grace-fp7.eu/content/grace-brief
67 Siehe z. B. www.testbiotech.org/node/784

(»evidence«) für gesundheitliche Schäden durch gentechnisch veränderte Pflanzen gäbe, kann die Kommission das Vorsorgeprinzip zur Disposition stellen. Dann würden die Anforderungen an die EU-Zulassungen weiter abgesenkt und das Vorsorgeprinzip dem internationalen Freihandel geopfert. Aber auch wenn es nicht zu einer weiteren Absenkung der Standards kommen sollte, kann das TTIP erheblichen Einfluss auf den Schutz von Umwelt und Verbrauchern bekommen: Wie bereits gezeigt, sind die derzeitigen Anforderungen an die Risikobewertung unzureichend. Ein Freihandelsabkommen mit den USA könnte jegliche Bemühungen um eine Anhebung der Standards zunichtemachen.

11 Gene, Zellen und Evolution

Die Anwendung der Gentechnologie ist im Wesentlichen von einem Verständnis der Evolution geleitet, wie es sich im frühen 20. Jahrhundert verfestigte. Zufällige Mutation und Selektion sind demnach die wesentlichen Mechanismen, die zur Entstehung neuer Arten führen. Daraus entwickelte sich ein reduktionistischer Ansatz, der die Steuerung der Lebensfunktionen weitgehend auf die Struktur der DNA zurückführt. Darauf wiederum basiert die Vorstellung, dass man über die Veränderung der DNA Lebewesen neu konstruieren und in ihren Lebensfunktionen kontrollieren könne. Doch das Verständnis der Mechanismen der Evolution hat sich in den letzten Jahren gewandelt. Dabei spielen Mechanismen, mit denen sich Lebewesen an Umweltbedingungen anpassen können, eine wichtige Rolle. Diese Mechanismen sind nicht unbedingt auf Veränderungen der DNA gerichtet, sondern beziehen die Zelle als Ganzes ein.

Von der Synthetischen Evolutionstheorie zur Synthetischen Gentechnik

Thomas Hunt Morgan (1866–1945) gehört zu den Forschern, die unser Verständnis der Evolution stark beeinflusst haben. Er befasste sich insbesondere mit dem Auftreten von Mutation und ihren Auswirkungen auf das Erscheinungsbild von Organismen und die Vererbung.

Seine Versuchstiere waren Fruchtfliegen. Diese waren wegen ihrer kurzen Generationsdauer und gut darstellbaren Chromosomen lange Zeit das wichtigste Versuchstier der Genetiker. Aus der Beobachtung spontaner Mutationen an Fruchtfliegen leitete Morgan erste Schlussfolgerungen zum Aufbau der Chromosomen ab. Erste Genkarten wurden angefertigt. 1915 erschien das Buch »The Mechanism of Mendelian Heredity«, in dem erstmals

Gene beschrieben wurden, die linear auf den Chromosomen angeordnet sind. 1919 erschien »The Physical Basis of Heredity«.

Hermann Joseph Muller (1890–1967), der ursprünglich dem Team von Morgan angehörte und 1946 den Nobelpreis erhielt, ging einen Schritt weiter und entwickelte Methoden zur Auslösung künstlicher Mutationen bei Fruchtfliegen mithilfe von radioaktiver Strahlung. Muller eröffnete der experimentellen Genetik mit der Schaffung von hunderten künstlichen Mutanten auch neue Spielräume für technische Anwendungen.

Das Modell Fruchtfliege trug insgesamt erheblich dazu bei, dass Vererbung experimentell untersucht werden konnte und Mechanismen identifiziert wurden, durch die das Erbgut verändert werden konnte. Die seit Darwin postulierte Mutation und Selektion von Genen konnte dadurch mechanisch, chemisch, physikalisch erklärt, beobachtet und auch experimentell ausgelöst werden. Auf dieser Basis wurde die noch heute grundsätzlich akzeptierte »Synthetische Evolutionstheorie« entwickelt, mit der Evolution und Genetik einheitlich erklärt werden (siehe z. B. Mayr, 2003). Dabei hat die »Synthetische Evolutionstheorie« nicht direkt etwas mit der »Synthetischen Gentechnik« zu tun. Vielmehr ist sie eine gedankliche Synthese von Beobachtungen in der Natur und experimentellen Untersuchungen im Labor, die (verkürzt gesagt) als Bestätigung der darwinistischen Evolutionstheorie angesehen werden.

Laut der Synthetischen Evolutionstheorie treten im Erbgut zufällige und ungerichtete Mutationen auf, die erst durch die Selektion auf ihre biologische Zweckmäßigkeit geprüft werden. Als Ergebnis erfolgt die Anpassung der Organismen an ihre Umwelt, wodurch neue Arten entstehen. Es gibt demnach keine aktive Adaption der Lebewesen an ihre Umwelt. Zufällige Mutationen gelten als Motor der Evolution, die Unterschiede zwischen den Lebewesen beruhen auf den im Laufe der Evolution erworbenen Unterschieden in ihren Genomen. Je höher die Anzahl der mutierten Gene, desto größer sind auch die Unterschiede zwischen den Arten.

Zentrale Annahmen der Theorie – die erstmals die Mikrostruktur und die Makroevolution miteinander verknüpfte – sind folgende:

(1) Für neue (phänotypische) Eigenschaften von Lebewesen sind auch neue Strukturen in der DNA notwendig, die auf zufälligen Mutationen be-

ruhen. Je größer der äußerliche Unterschied zwischen den Arten, umso unterschiedlicher ist demnach auch ihre genetische Ausstattung.

(2) Es gibt keine aktive Adaption an die Umwelt, sondern nur ziellose (ungerichtete) Mutationen, die dann im Wechselspiel mit der Umwelt selektiert werden.

Wie von selbst ergeben sich aus diesem Paradigma der Synthetischen Evolutionstheorie die Bestandteile für eine Neukonstruktion des Lebendigen: Wenn den einzelnen Eigenschaften der Lebewesen bestimmte genetische Strukturen zugeordnet werden können, die ihrerseits wieder (u. a. durch Bestrahlung) veränderbar sind, können die Eigenschaften der Lebewesen aktiv verändert, manipuliert und neu konstruiert werden. Ihren technischen Höhepunkt findet die Synthetische Evolutionstheorie in der Synthetischen Gentechnik, die neue Lebewesen auf der Grundlage von künstlicher DNA erschaffen will. So kommen Konstruktion und Kontrolle der Lebensprozesse auf der Ebene der Erbmoleküle zusammen.

Simple Organismen – komplexes Erbgut

Die Synthetische Evolutionstheorie erklärt die Entwicklung der Arten also durch die Mutation von DNA und die Auslese der am besten angepassten Lebensformen. Wäre diese Theorie zutreffend, würden sich komplexe Genstrukturen erst im Laufe der Evolution herausbilden, immer neue Mutationen wären die Voraussetzung für neue biologische Funktionen. Gleichzeitig würden zwischen den Arten die Unterschiede in der DNA immer größer. Dazu steht die moderne Genom-Forschung im Widerspruch: Hochkomplexe DNA-Strukturen, die für Säugetiere typisch sind, lassen sich schon bei sehr einfachen Organismen finden.

Das Erbgut von Trichoplax, eines sehr einfachen Organismus ohne spezialisierte Körperfunktionen, wurde 2009 entschlüsselt. Diese Spezies wurde damals in *Die Zeit* so beschrieben: »Kein Kopf, kein Schwanz, Bauch oder Rücken, keine Organe, keine Sinneszellen, keine Nerven- oder Muskelzellen. Die ganze Komplexität höherer Tiere ist noch nicht vorhanden.« Zur Überraschung der Forscher weist Trichoplax aber ein äußerst kompliziertes Genom auf: Es enthält bereits die Grundbausteine für viele wichtigen Genfamilien des Menschen, wie etwa für die Entwicklung eines Nervensystems, die Ausbildung der Körperachsen oder Rezeptoren für Hormone.

Auf ähnliche Weise bringt das Erbgut einfacher Schwämme, die lange Zeit vor den Wirbeltieren entstanden, die Evolutionsbiologen ins Staunen:

> »Mit mehr als 18.000 verschiedenen Genen zeigt das Genom der Schwämme eine differenzierte Grundausstattung, mit der bereits viele Prozesse codiert wurden, die die Grundlage für komplexere Lebensformen sind. Dazu gehören Mechanismen, wie sich Zellen aneinanderanlagern, in organisierter Form wachsen und Eindringlinge erkennen. Das Genom enthält auch Analoge von Genen, die bei Organismen mit einem neuromuskulären System für Muskeln und Nerven codieren.« (Mann et al., 2010)

Angesichts dieser und ähnlicher Entdeckungen stellen Evolutionsbiologen die Frage, in welchem Ausmaß neue Lebensformen tatsächlich auf zufälligen Mutationen beruhen und welche Rolle eine veränderte Regulation bereits vorhandener Gene spielt.

Die Vorstellung, dass bereits vorhandene Genabschnitte neu genutzt werden können, um sich an neue Umweltbedingungen anzupassen, scheint eine mögliche Erklärung insbesondere für evolutionäre Prozesse zu liefern, die sich sehr schnell vollziehen. Zu ihnen gehören Aspekte der evolutionären Entwicklung des Menschen, die Anpassung von Tieren und Pflanzen an den Klimawandel und andere vom Menschen verursachte Umweltveränderungen. Die Synthetische Evolutionstheorie hat für die Entstehung dieser komplexen Genstrukturen auf einer frühen Stufe der Evolution keine Erklärung.

Leitplanken der Evolution

Gleichzeitig zeigen Beispiele wie die primitiven Schwämme, dass bestimmte Strukturen des Erbgutes, die man schon bei einfachen Organismen vorfindet, über Jahrmillionen erhalten bleiben können. Die Mutationen scheinen sich hier in bestimmten Grenzen zu halten. Man könnte sagen, dass

Evolution und Vererbung »flexible Leitplanken« gesetzt sind. Das Genom unterliegt zwar permanent einer Art »Grundrauschen« von Mutationen, doch bleiben gewisse Grundstrukturen auch über lange Zeiträume erhalten. So weisen Gräser selbst nach 60 Millionen Jahren Evolution über die Artgrenzen hinweg große Ähnlichkeiten in der Struktur ihres Erbgutes auf.

» Genkartierungen von Weizen, Mais, Reis und anderen Gräsern mit üblichen DNA-Proben haben eine bemerkenswerte Konservierung des Bestandes und der Anordnung der Gene über 60 Millionen Jahre der Entwicklung der Poaceae enthüllt.« (Gale, 1998)

Gerade Pflanzen, die beständig einem der stärksten mutationsauslösenden Reize – dem UV-Licht – ausgesetzt sind, haben vielfältige Mechanismen entwickelt, um zu verhindern, dass ihre Gene außer Kontrolle geraten. Dies zeigt unter anderem die Analyse des Genoms der Ackerschmalwand *(Arabidopsis)*: Auffällig hoch ist die Zahl der Gene, die Reparaturmechanismen im Genom übernehmen. Mutierte Gene oder fremde Erbinformation, die unter anderem über Viren in die Pflanzen eingeschleust werden, werden in vielen Fällen entdeckt und über verschiedene Mechanismen inaktiviert.

Auf der anderen Seite weist gerade das Genom der Pflanzen auch eine außerordentliche Vielfalt auf. So zeigte ein Vergleich zwischen 19 Wildformen der *Arabidopsis*: Jeder 180. Erbabschnitt des Genoms war variabel, vier Prozent des Erbgutes waren deutlich unterschiedlich und fast zehn Prozent des Erbgutes waren defekt, ohne dass dies zu Beeinträchtigungen der Pflanzen geführt hätte.[68] Dieses Ergebnis ist besonders überraschend, weil das Genom der Ackerschmalwand relativ klein ist und daher erwartet wurde, dass für Variationen wenig Spielraum besteht. Offensichtlich stören auch unterschiedliche genetische Informationen den Erhalt der Art und die Lebensfähigkeit der einzelnen Pflanzen nicht, solange sie in das Gesamtsystem integriert werden können. Im Gegenteil ist anzunehmen,

68 Presseerklärung der Max-Planck-Gesellschaft, 20.07.2007, http://www.mpg.de/english/illustrationsDocumentation/documentation/pressReleases/2007/pressRelease20070718/index.html

dass die vorhandene genetische Variabilität innerhalb der Arten eine wesentliche Voraussetzung für das Überleben ist. Bei Änderung der Umweltbedingungen ist dadurch eine schnellere Anpassung möglich.

Das Erbgut muss also zwei wesentliche Grundbedingungen erfüllen: steter Wandel und (unter Umständen rasche) Anpassung an wechselnde Umweltbedingungen auf der einen, Stabilität in der Vererbung als Grundvoraussetzung für das Überdauern der Arten auf der andere Seite. Die Evolution und die Genom-Organisation erfordern einen Balanceakt zwischen Chaos und Ordnung, Veränderung und Stabilisierung. Evolution bedeutet also auch Beständigkeit und Kontinutität trotz Wandel. Das Entstehen und Überdauern von Arten und damit auch von »höheren« komplexeren Lebewesen wäre ansonsten schlichtweg unmöglich.

Es ist im Ergebnis offensichtlich nicht richtig, dass alleine Mutationen der DNA und anschließende Selektion diesen Prozess steuern. Vielmehr können Lebewesen es bis zu einem bestimmten Ausmaß beeinflussen, welche Mutationen sich durchsetzen und ihre Evolution dadurch »mitbestimmen«. Sie sind zugleich Subjekt und Objekt der Evolution.

Erweiterte Vererbung

Dazu kommt ein weiterer Aspekt, der für das Verständnis der Evolution unverzichtbar ist: Lebewesen können ihre Umwelt aktiv verändern. Lebewesen und ihre Umwelt bilden ein System und beeinflussen sich wechselseitig. Diese Beobachtung ist nicht neu. Sie wird unter anderem bereits in der »Systemtheorie« des österreichischen Biologen Ludwig von Bertalanffy (1901–1972) entwickelt. Bertalanffy beschrieb Lebewesen als »offene Systeme«, ihren Stoffwechsel, der im steten Austausch mit der Umwelt steht, als »Fließgleichgewicht«. Der Aufbau von Lebewesen folge einer »organisierten Komplexität« im Gegensatz zur »unorganisierten Komplexität« reduktionistischer Modelle.

Die Systemtheorie hat durch die neuen Erkenntnisse der Grundlagenforschung für die Biologie neue Aktualität erlangt. Die »Development Systems Theory« (Theorie der Entwicklungssysteme, DST), die unter anderem an die Systemtheorie anknüpft, hat sich in den letzten Jahren als wichtiger

Ansatz innerhalb der Lebenswissenschaften etabliert. Ihre Vertreter entwickelten das Modell einer »erweiterten Vererbung«.

Die »erweiterte Vererbung« zeigt, wie sehr das Zusammenspiel von Organismus und Umwelt eine untrennbare Interaktion von »offenen Systemen« ist. Lebewesen passen sich nicht nur an ihre Umwelt an, sondern gestalten selbst die Ökologie der Erde maßgeblich. Diese Interaktion Organismus–Umwelt ist ein Kennzeichen aller Ökosysteme. Dabei verschwinden die Grenzen zwischen Umwelt und Organismus teilweise.

Der bekannte Biologe und Evolutionsforscher Richard Lewontin gilt als einer der Wegbereiter der Theorie einer erweiterten Vererbung. Innere und äußere Umwelt eines Organismus sind seiner Ansicht nach auf das Engste miteinander verknüpft, sind sowohl Subjekt als auch Objekt aller Lebensprozesse. Lewontin spricht von einer »Tripelhelix«, bestehend aus der Doppelhelix der DNA und der Umwelt als dritte Ebene:

> »Zusammenfassend kann man also sagen, die Beziehungen zwischen Gen, Organismus und Umwelt sind wechselseitiger Natur. Jedes dieser drei Elemente ist sowohl Ursache als auch Wirkung. Gene und Umwelt sind Ursachen für die Existenz von Organismen, die wiederum ihrerseits die Erscheinung der Umwelt verursachen, so dass die Gene in ihrer Eigenschaft als Mittler zwischen Organismus und Umwelt als Ursachen für die Umwelt betrachtet werden müssen.« (Lewontin, 2002)

Anschaulich werden solche Theorien beispielsweise durch Beobachtungen an Bienen: Im Jahr 2006 wurde die DNA der Honigbiene entschlüsselt. Dabei konnte auch die Verschränkung von Umwelt und Genom im Detail dokumentiert werden. Es ist die Nahrung, die darüber entscheidet, ob aus einer Larve eine Königin oder eine Arbeiterin wird: In Abhängigkeit von bestimmten Proteinen im Futter werden Gene an- und abgeschaltet. Die Königinnen können so mit dem gleichen Erbgut wie die Arbeiterinnen nicht nur 2.000 Eier am Tag legen, sondern leben auch zehnmal länger als die normalen Bienen. Die Entwicklung der Arbeiterinnen wird darüber hinaus noch weiter von Futter und Umwelteinflüssen gesteuert: je knapper das Futter, desto schneller verläuft ihre Entwicklung. Gleichzeitig entscheiden die Arbeiterinnen je nach Bedarf, welche Larven wie gefüttert werden. Bienenvolk, Genaktivität und Umwelt sind so in einer Art Endlosschleife miteinander gekoppelt. Sie orchestrieren das biologische Programm des Bienenstocks, der sich flexibel an oft wechselnde äußere Einflüsse anpassen kann, ohne dabei aus dem Takt zu geraten.[69]

Der Biologe Steven Rose fasst die Erkenntnisse aus derartigen Interaktionen im Buch »Darwins gefährliche Erben« (2000) wie folgt zusammen:

> »Es gibt zwei Lehren, die aus solchen Beschreibungen zu ziehen sind. Die erste lautet, dass die Grenzen zwischen einem Organismus und seiner Umgebung nicht fixiert sind. Organismen nehmen unablässig Teile ihrer Umgebung als Nahrung in sich auf und verändern durch ihren Einfluss permanent die Umgebung – zum Beispiel, indem sie Abfallprodukte ausscheiden oder die Welt ihren Bedürfnissen gemäß verändern, Strukturen schaffen wie Vogelnester und Termitenhügel (...). Die zweite Lehre lautet, dass Organismen nicht passiv auf ihre Umgebung reagieren. Sie entscheiden sich aktiv dafür, sie zu ändern und arbeiten darauf hin.«

Die »Development Systems Theory« (DST) versucht, diese Ansätze zu einer übergreifenden Theorie zu verbinden. Evolution wird hier als die Abfolge von Zyklen der Interaktionen zwischen verschiedenen Faktoren beschrieben, von denen keiner den Entwicklungsprozess kontrolliert. Zu den Faktoren gehören DNA, Zellen und Lebewesen genauso wie soziale und ökologische Interaktionen.

Das Ergebnis ist nicht vorhersehbar, nicht durch Gene vorherbestimmt, sondern kommt durch die Interaktionen des Organismus mit seiner inneren und äußeren Umwelt zustande. Die DST prägte eben dafür den Begriff der »erweiterten Vererbung«. Carola Stotz schreibt (Krohs & Toepfer, 2005):

69 SZ, 26.10.2006.

» Dies schließt die Aufhebung der Trennung des Organismus von seiner Umwelt mit ein, denn es sind laut DST nicht die Organismen an sich, sondern Organismus-Umwelt-Systeme, die sich entwickeln, deren verlässliche Reproduktion vererbt wird und deren voller Lebenszyklus daher die Einheit der Evolution darstellt. (...) Der Lebenszyklus eines Organismus ist durch Entwicklungsprozesse konstruiert, welche nicht von den Genen programmiert oder präformiert sind, sondern durch die Interaktion des Organismus mit seiner inneren und äußeren Umwelt zustande kommen.«

Während eine reduktionistische Biotechnologie das Bild eines Lebens zeichnet, das weitestgehend passiv den Gesetzen von Mutation und Selektion folgt, ergibt sich durch die Sicht des Lebens als emergente, sich selbst schaffende und gestaltende Daseinsform also ein anderes Bild: Es kommt zu einer stetigen Rückkopplung von Lebewesen, die von der Evolution hervorgebracht werden und ihrerseits die Evolution aktiv gestalten.

Epigenetik und Evolution: Evo-Devo

Bezieht man die Epigenetik mit ein, lässt sich ein schlüssiges Konzept der Genregulierung und Vererbung beschreiben, das die DNA, die RNA und das System der Zelle gleichermaßen umfasst wie Umwelteinflüsse und die »erweiterte Vererbung«.

Wie beschrieben, werden unter dem Begriff Epigenetik eine Reihe von Mechanismen zusammengefasst, die für die Regulation der Genaktivitäten wichtig sind. Je nach »Bedarf« kann die DNA sehr unterschiedlich abgelesen werden. Unter anderem spielt die Epigenetik so eine wichtige Rolle bei der Differenzierung der Organe: Die DNA von Raupe und Schmetterling sind zu 100 Prozent identisch, ebenso wie die von Kaulquappe und Frosch. Während der Entwicklung des Embryos aus einer befruchteten Eizelle verändert sich die Zusammensetzung seiner Gene natürlich nicht. Verschiedene Entwicklungsgene werden in einer feststehenden Reihenfolge an- und abgeschaltet.

Die Epigenetik ist auch für das Verständnis der Wechselwirkungen zwischen dem Genom und der Umwelt entscheidend. Beispielweise verfügen Pflanzen über eine breite Palette epigenetischer Mechanismen bis hin zur Vervielfältigung von Chromosomensätzen, mit denen sie auf veränderte Umweltbedingungen (wie Klima, Böden, Befall mit Schädlingen) reagieren und die Aktivität ihrer Gene regulieren können. Dies zeigt sich unter anderem in der Entstehung herbizidresistenter Unkräuter als Reaktion auf den Anbau von Gentechnik-Pflanzen (siehe Kapitel 6). Die Epigenetik bildet so eine Brücke zwischen genetischer Anlage und Umwelt. Nach Conrad Waddington (1905–1975), einem der Väter der Epigenetik, ist diese ein »Zweig der Biologie, der die kausalen Wechselwirkungen zwischen Genen und ihren Produkten untersucht, welche den Phänotyp hervorbringen«.

Ein Teil dieser Veränderungen in der Genregulation kann auch vererbt werden, ohne dass dies mit einer Veränderung der DNA-Sequenz einhergehen muss. Es ist allerdings strittig, in welchem Ausmaß so Merkmale entstehen, die über mehrere Generationen hinweg stabil sind und auch noch auftreten, wenn die ursächlichen Umweltbedingungen nicht mehr vorhanden sind. Jablonka & Raz (2009) definieren epigenetische Vererbung wie folgt:

> »... epigenetische Vererbung ist die Weitergabe von Variationen von einer Ausgangszelle an ihre Tochterzelle, die nicht durch Unterschiede in der Abfolge von DNA Sequenzen und/oder nicht durch gegenwärtige Umweltbedingungen verursacht werden.«

Bis noch vor wenigen Jahren galten solche Überlegungen als sogenannter »Lamarckismus« und damit als längst überholt. Jean-Baptiste de Lamarck (1744–1829) war in seiner Evolutionstheorie von einer Vererbung erworbener Eigenschaften ausgegangen. Unter Berufung auf Darwin und die Synthetische Evolutionstheorie wurde diese Vorstellung im 20. Jahrhundert endgültig als falsch verworfen.

Jetzt wird die Epigenetik unter anderem bemüht, um wichtige evolutionäre Unterschiede zwischen den Arten zu erklären: Der Vergleich der Genome von Mensch und Affe zeigt beispielsweise, dass die Unterschiede zwischen diesen Spezies sich nur teilweise auf der Ebene der DNA wiederfinden lassen. In vielen Fällen scheint es vielmehr auf die unterschiedliche Regulation der Gene anzukommen.

Die Disziplin der »Evolutionary Developmental Biology«, kurz Evo-Devo (Coughlin, 2000), beschäftigt sich mit der Frage, inwieweit diese Regulation der Gene auch im Rahmen der Evolution eine Rolle spielt. Dieser Ansatz geht nicht davon aus, dass die Unterschiede zwischen den Spezies unbedingt in unterschiedlichen Genstrukturen begründet sind, sondern dass die Art und Weise, wie Gene reguliert werden, auch für die Bildung neuer Arten entscheidend sein kann.

Eine Einladung an die Erklärungsmodelle der Epigenetik sind auch die Genstrukturen, die im Laufe der Evolution über die Artgrenzen hinweg bewahrt werden. Bestätigt wird dies unter anderem durch vergleichende Studien am Erbgut von Fruchtfliegen, Hefen, Schwämmen, Pflanzen und Säugetieren. Es gibt viele Beispiele für Genstrukturen, die im Tier- und Pflanzenreich auftreten. So gibt es das sogenannte Gen für Brustkrebs nicht nur bei Säugetieren, sondern auch bei Pflanzen. Die DNA von Mensch und Reis ist zu 50 Prozent identisch, die von Mensch und Fruchtfliege zu 47 Prozent, die von Mensch und Bäckerhefe immer noch zu 15 Prozent. Das heißt aber eben nicht, dass bei den verschiedenen Organismen die Funktionen der jeweiligen Gene gleichgesetzt werden können. Diese hohe Übereinstimmung der DNA-Strukturen, die in den verschiedenen Spezies unterschiedliche Funktionen erfüllen können, zeigt, dass die Wirkung von Genen in hohem Maße systemabhängig ist und damit den Mechanismen der Epigenetik unterliegt.

Immer gleiche genetische Strukturen werden im Verlauf der Evolution immer wieder in neuen Variationen genutzt und ausdifferenziert. Unter dieser Perspektive ist Evolution nicht so sehr eine Anhäufung neuer Gene, die durch Mutationen entstanden sind, sondern eine Variation bestehender Baupläne. Aus der Idee einer kontinuierlichen Summierung von Unterschieden wird ein System von Optionen, Regulationen und Impulsen aus der Umwelt.

Evo-Devo vereint damit zwei anscheinend sehr gegensätzliche Prozesse: die Embryonalentwicklung, die nach festgelegten Regeln immer wieder bei jedem Individuum abläuft, und die Evolution, die ein offener, nicht vorhersehbarer Prozess ist. Gemeinsam ist beiden Prozessen eine »Plastizität« des Erbgutes: Die in der DNA gespeicherte Information kann in unterschiedlichen Zusammenhängen unterschiedlich genutzt werden. So wie in der Embryonalenwicklung die Anlagen für Arme und Beine schon vorhanden sind, sind nach der Perspektive von Evo-Devo auch in den Fischen die Anlagen für die Gliedmaßen für den Landgang vorhanden. Dafür musste kein Gen neu erfunden, sondern lediglich die bestehenden Veranlagungen neu reguliert und selektiert werden. Innerhalb relativ kurzer Zeiträume können Anpassungen an veränderte Lebensräume über die Steuerung und Selektion bereits vorhandener Gene erfolgen.

Als eine Antithese zu neueren Vererbungstheorien wie Development Systems Theory (DST) und Evo-Devo können Richard Dawkins »egoistische Gene« angesehen werden. Sie stehen bei Dawkins (in seinem Buch »Das egoistische Gen«, 1976) nicht nur als chemische Moleküle am historischen Beginn des Lebens, sondern auch in der Hierarchie der Lebensprozesse ganz oben. Der Mensch ist der Sklave seiner Gene (der »Replikatoren«), die Individuen nur eine roboterähnliche Hülle. Für sie gibt es nur einen einzigen Daseinsgrund: von Anbeginn des Lebens auf der Erde an das Überleben der Gene zu sichern.

» Es überlebten diejenigen Replikatoren, die um sich herum Überlebensmaschinen bauten (...). Heute drängen sie sich in riesigen Kolonien, sicher im Inneren gigantischer, schwerfälliger Roboter, hermetisch abgeschlossen von der Außenwelt; (...) Sie sind in dir und in mir, sie schufen uns, Körper und Geist, und ihr Fortbestehen ist der letzte Grund unserer Existenz. Sie haben einen weiten Weg hinter sich, diese Replikatoren. Heute tragen sie den Namen Gene, und wir sind ihre Überlebensmaschinen.«

Dawkins mag Recht haben, dass am Beginn des Lebens kleine vermehrungsfähige Einheiten standen, die sich mit einer Schutzhülle umgaben. Es ist aber nicht richtig, daraus abzuleiten, dass komplexe Organismen nur den Interessen ihrer einzelnen Gene dienen. Betrachtet man Lebewesen auf der Ebene der Zelle, verliert sich die klare hierarchische Perspektive. Umwelt, Gen und Individuen sind Teil eines Ganzen, das sich gegenseitig bedingt und weder auf einzelne Bestandteile reduziert noch unterteilt werden kann in Befehlsebene und ausführende Sklaven. Das Individuum ist deutlich mehr als die Umsetzung eines in der DNA fixierten Programms, so wie eine Melodie oder ein Akkord mehr ist als ein Haufen einzelner Töne. Die wirklichen Mechanismen der Evolution sind mit »Survival of the Fittest« und dem Werkzeugkasten der Synthetischen Evolutionstheorie nicht abschließend erklärbar.

12 Eine neue Ökologie der Gene

Seit Thomas Hunt Morgan und seinen Versuchen an Fruchtfliegen ist unsere Vorstellung von den Mechanismen der Evolution und der Grundlage der Lebensfunktionen ganz wesentlich durch Veränderungen der DNA geprägt. Die Entschlüsselung der DNA, ihre Isolierbarkeit und Manipulierbarkeit machen sie zu einem Objekt von höchstem wissenschaftlichem – und wirtschaftlichem – Interesse. Dabei wird aber oft übersehen, dass die DNA (oder RNA) an sich nicht als »Leben« verstanden werden kann. Leben ist immer zellulär organisiert.

Im Laufe der Evolution mögen sich zunächst einfache Strukturen wie Aminosäuren, DNA oder RNA gebildet haben. Leben wird daraus aber erst, sobald diese Moleküle sich durch eine Membran von der Umwelt abgrenzen können. Erst so entsteht ein Ganzes, das über einen Energiehaushalt, Stoffwechselfunktionen und Anpassungsmöglichkeiten verfügt. Erst die Zelle ermöglicht Leben, das System ist hier wichtiger als seine Teile: Auch unbelebte Moleküle (wie DNA) können eine Evolution durchmachen. Aber eine Entwicklung von Leben gibt es erst in der Zelle. Die DNA ist kein Herrschaftsmolekül, sondern eher ein Werkzeug der Zellen.

Die Zelle ermöglicht zugleich Abgrenzung und Austausch mit der Umwelt. Sie ermöglicht die Aufrechterhaltung eines Fließgleichgewichts (Homöostase), das fern vom thermostabilen Gleichgewicht liegt. Sie ermöglicht Ordnung, Entwicklung und die Gestaltung der Umwelt.

Unabhängig davon, wie die ersten Zellen entstanden sind, als »Leben« sind sie ein Ganzes, Unteilbares, allenfalls Unterteilbares. Sie sind in dem Sinne unteilbar, in dem die Ordnung unteilbar ist, die durch die Zellen und ihre Abgrenzung von der Umwelt geschaffen wird. Diese Ordnung kommt als Verhältnis zwischen einzelnen Komponenten zum Tragen und ist durch die Analyse der einzelnen Teile nicht vollständig erfassbar. »Leben« ist also in letzter Konsequenz immer ein Rückverweis auf das Ganze.

Die Gentechnik behandelt Lebewesen dagegen nur wie eine Anhäufung von DNA, deren Bestandteile wie Legosteine neu kombiniert werden können. Die Strategie der Macher besteht darin, die tatsächliche Komplexität der Lebensfunktionen zu reduzieren und sich den scheinbar kontrollierbaren Einzelteilen zuzuwenden. Der Ausschnitt, der so untersucht, kontrolliert und gemacht werden kann, ist aber immer nur eine Hilfskonstruktion, die oft nicht mit der biologischen Realität übereinstimmt.

Genom und Epigenom stehen in beständigem Austausch mit der Umwelt. Sie sind Teil eines komplexen Systems, das über Milliarden von Jahren optimiert wurde und dessen Eigenschaften weit über die Summe ihrer einzelnen Bestandteile hinausgehen. Leben in seinen bestehenden Formen und in seiner weiteren Evolution ist ein Kontinuum mit seinem Ursprung, der Milliarden Jahre zurückliegt. Wie der Philosoph Karl Popper (Popper, 1987) es ausdrückt:

> »Die Urzelle lebt noch immer. Wir alle sind die Urzelle. (...) Die Urzelle hat vor Milliarden von Jahren begonnen, und die Urzelle hat in Form von Trillionen von Zellen überlebt. Und sie lebt noch immer, in jeder Einzelnen aller der jetzt lebenden Zellen. Und alles Leben, alles was je gelebt hat und alles was heute lebt, ist das Resultat von Teilungen der Urzelle. Es ist daher die noch lebende Urzelle.«

Wir haben heute die technischen Möglichkeiten, Zellen zu schaffen, die sich erheblich von denen unterscheiden, die aus der »Urzelle« hervorgegangen sind. Wir können Leben schaffen, das mit den bestehenden Lebensformen in Wechselwirkung tritt und deren weitere Entwicklung, Selbstregulation und ökologische Netzwerke verändert, stört oder gar zerstört. Vieles spricht dafür, dass wir am Beginn einer neuen gigantischen Umweltverschmutzung stehen: der unkontrollierten Ausbreitung von technisch kreiertem Erbgut in der Biosphäre des Planeten Erde.

In seinem Buch schreibt Karl Popper, »alles Lebendige sucht nach einer besseren Welt«. Betrachtet man die aktuellen technischen Möglichkeiten der Synthetischen Gentechnik, wäre es eine gute Idee, der Urzelle eine realistische Chance zu geben, das »bessere Leben« gemäß ihrer eigenen Entwicklungsfähigkeit und in Wechselwirkung mit der bestehenden biologischen Vielfalt zu suchen. Wir sollten nicht versuchen, eine »bessere Welt« im Labor zu designen. Wir sollten dem Leben, der Urzelle und ihrem schöpferischen Potenzial mit Respekt und nicht mit technischer Arroganz begegnen.

Die Möglichkeit von Lebewesen, sich im Rahmen von evolutionären Mechanismen durch Selbstorganisation und wechselseitige Anpassung zu entwickeln, kann als ein wesentlicher Aspekt ihrer biologischen Integrität angesehen werden. Um die Zukunft der Biosphäre zu sichern, müssen wir auch Konzepte zum Schutz der belebten Natur auf der Ebene ihres Erbgutes entwickeln. Dieser Schutz muss sich an der Erhaltung des Systems der Evolution, der Selbstorganisation und der wechselseitigen Anpassung von Lebensformen orientieren.

Technische Ansätze, die das Ziel einer Manipulation, Umprogrammierung oder Neusynthese von Erbgut verfolgen, können die biologische Integrität, die Fähigkeit zur Selbstorganisation und wechselseitigen Anpassung von Lebewesen nachhaltig gefährden. Dies gilt insbesondere, insoweit technisch manipulierte oder synthetisierte Lebensformen oder funktionsfähige Teile ihres Erbgutes in die Umwelt gelangen. In diesem Fall betrifft die technische Veränderung des Erbgutes nicht nur einzelne Lebewesen, sondern kann im Rahmen evolutionärer Prozesse mit der Umwelt in Wechselwirkung treten und sich unter Umständen unkontrolliert verbreiten.

Es gibt konkreten gesetzlichen Regelungsbedarf:

- Jegliche Freisetzung von gentechnisch veränderten Organismen muss – solange sie nicht verboten ist – mindestens räumlich und zeitlich begrenzbar sein.
- Ethische Grenzen müssen die Frage der Integrität des Erbgutes berücksichtigen.
- Die unabhängige Begleit- und Risikoforschung muss gestärkt werden.
- Der Zugang zu Risikotechnologien und relevanten DNA-Daten sollte wirksamen Kontrollen unterliegen.
- Gene und Lebewesen dürfen nicht patentiert werden.

Die Frage, wie sich die interessierte Öffentlichkeit stärker an den anstehenden Entscheidungen beteiligen kann, berührt darüber hinaus einen Kernbereich der Demokratie und unserer Zukunftsfähigkeit: Anstatt die Entwicklung im Sinne des Allgemeinwohls steuern zu können, drohen wir zum Opfer einer von Wirtschaftsinteressen gesteuerten Expertokratie zu werden, die sich zunehmend der Kontrolle durch Politik und Gesellschaft entzieht. Hier müssen neue Mechanismen und partizipative Verfahren entwickelt werden, die es der Zivilgesellschaft ermöglichen, steuernd einzugreifen.

An konkreten Vorschlägen mangelt es nicht: 2013 wurde beispielsweise in einer Petition an den Deutschen Bundestag (an der auch der Autor beteiligt war) vorgeschlagen, dass die Industrie gesetzlich dazu verpflichtet werden soll, in einen Fonds zur unabhängigen Risikoforschung einzuzahlen. Über die Verwendung der Gelder sollen dann insbesondere Organisationen aus dem Bereich des Umwelt- und Verbraucherschutzes entscheiden. Das Prinzip ist einfach und kann auf andere Bereiche wie Pestizidzulassung, Nanotechnologie oder Mobilfunk übertragen werden: (1) Wer an entsprechenden Produkten verdient, muss auch die Erforschung ihrer Risiken bezahlen. (2) Diejenigen, die die Risiken tragen, sollen auch darüber entscheiden, wie und was geforscht wird – natürlich unter Beachtung der nötigen wissenschaftlichen Standards.

Denkbar sind auch Clearinghouse-Mechanismen, die auf ähnlichen Prinzipien beruhen: Staat und/oder Industrie stellen interessierten Umwelt- und Verbraucherverbänden finanzielle Mittel zur Verfügung, damit diese unabhängig von den Interessen der Industrie über aktuelle Entwicklungen im Bereich der Biotechnologie informieren können. Ziel dieser Maßnahmen darf nicht die Akzeptanzbeschaffung sein, sondern die Förderung einer kontroversen gesellschaftliche Diskussion, auf deren Grundlage die Gesellschaft dann eine informierte Entscheidung treffen kann.

In den letzten Jahrzehnten hat eine rege Beteiligung der Zivilgesellschaft an der politischen Auseinandersetzung um die Gentechnik dazu geführt, dass in der EU Vorschriften zum Schutz der gentechnikfreien Landwirtschaft und Lebensmittelproduktion, zur Kennzeichnung und Wahlfreiheit gesetzlich verankert wurden. Zudem haben wir mit dem Vorsorgeprinzip eine rationale Basis für den Umgang mit Unsicherheiten und den Grenzen des Wissens etabliert. Die Gesellschaft hat viel erreicht – gegen alle Pläne und Strategien der Industrie.

Der Fortbestand dieser Errungenschaften ist aber keineswegs garantiert. Unter anderem droht mit der Unterzeichnung von Freihandelsabkommen wie CETA (Comprehensive Economic and Trade Agreement) und TTIP (Transatlantic Trade and Investment Partnership) das Erreichte wieder verloren zu gehen. Diese Abkommen ändern die Spielregeln grundlegend. Ethik, Wahlfreiheit und Vorsorge werden in den vorliegenden Texten nicht berücksichtigt. Vielmehr soll Politik »alternativlos« auf die Maßgaben des Freihandels ausgerichtet werden.

Wir sollten uns für eine andere Richtung entscheiden und die bisherigen Errungenschaften der EU und auch unsere zukünftigen Handlungsspielräume gegen die Machiavellis des Freihandels verteidigen. Vorsorge, Wahlfreiheit, klare ethische Grenzen und eine unabhängige Risikoforschung müssen unverzichtbare Kernelemente des künftigen Umgangs mit der Biotechnologie sein. Nur so können wir die biologischen Grundlagen unseres Planeten vor Missbrauch, Aneignung und Zerstörung bewahren.

Literaturhinweise

Adel-Patient, K.; Guimaraes, V. D.; Paris, A.; Drumare, M.-F.; Ah-Leung, S.; Lamourette, P.; Nevers, M.; Canlet, C.; Molina, J.; Bernard, H.; Creminon, C.; Wal, J. (2011): Immunological and metabolomic impacts of administration of Cry1Ab protein and MON 810 maize in mouse, Plos ONE 6(1): e16346. doi:10.1371/journal.pone.0016346

Agapito-Tenfen, S. Z.; Guerra, M. P.; Wikmark, O. G.; Nodari R. O. (2013): Comparative proteomic analysis of genetically modified maize grown under different agroecosystems conditions in Brazil Proteome Science 2013, 11: S. 46.

Annaluru, N. et al. (2014): Total Synthesis of a Functional Designer Eukaryotic Chromosome, www.sciencemag.org/content/early/2014/03/26/science.1249252.abstract

Aris, A. & LeBlanc, S. (2011): Maternal and fetal exposure to pesticides associated to genetically modified foods in Eastern Townships of Quebec, Canada. Reproductive Toxicology, 31(4): S. 528–533.

Barker, D. (2013): Genetically Engineered Trees: The New Frontier of Biotechnology November 04, Center for Food Safety. www.centerforfoodsafety.org/reports/2637/genetically-engineered-trees-the-new-frontier-of-biotechnology

Batista, R.; Saibo, N.; Lourenco, T.; Oliveira, M. (2008): Microarray analyses reveal that plant mutagenesis may induce more transcriptomic changes than transgene insertion PNAS 105 (9): S. 3640–3645.

Battaglin, W. A.; Meyer, M. T.; Dietze, J. E. (2011): Widespread Occurrence of Glyphosate and its Degradation Product (AMPA) in U.S. Soils, Surface Water, Groundwater, and Precipitation, 2001–2009. American Geophysical Union, Fall Meeting 2011. http://adsabs.harvard.edu/abs/2011AGUFM.H44A..08B

Bauer-Panskus, A.; Breckling, B.; Hamberger, S.; Then, C. (2013): Cultivation-independent establishment of genetically engineered plants in natural populations: current evidence and implications for EU regulation, Environmental Sciences Europe 2013, 25: S. 34. http://www.enveurope.com/content/25/1/34

Bauer-Panskus, A. & Then, C. (2014) Case study: Industry influence in the risk assessment of genetically engineered maize 1507, Testbiotech, www.testbiotech.org/node/1015

Beatty, M.; Guduric-Fuchs, J.; Brown, E.; Bridgett, S.; Chakravarthy, U.; Hogg, R. E.M Simpson, D. A. (2014) Small RNAs from plants, bacteria and fungi within the order Hypocreales are ubiquitous in human plasma, BMC Genomics, 15: S. 933. http://www.biomedcentral.com/1471-2164/15/933

Benbrook, C. M. (2012): Impacts of genetically engineered crops on pesticide use in the U.S. – the first sixteen years Environmental Sciences Europe 2012, 24: S. 24. doi:10.1186/2190-4715-24-24

BfR, Bundesinstitut für Risikobewertung (2012): Veröffentlichung von Seralini et al. zu einer Fütterungsstudie an Ratten mit gentechnisch verändertem Mais NK603 sowie einer glyphosathaltigen Formulierung, Stellungnahme Nr. 037/2012 des BfR vom

28. September 2012. http://www.bfr.bund.de/cm/343/veroeffentlichung-von-seralini-et-al-zu-einer-fuetterungsstudie-an-ratten-mit-gentechnischveraendertem-mais-nk603-sowie-einer-glyphosathaltigen-formulierung.pdf

Binimelis, R.; Hilbeck, A.; Lebrecht, T.; Vogel, R.; Heinemann, J. (2012): Farmer's choice of seeds in five regions under different levels of seed market concentration and GM crop adoption, GMLS Conference 2012. http://www.gmls.eu/

Boeschen, S.; Kastenhofer, K.; Marschall, L.; Rust, I.; Soentgen, J.; Wehling, P. (2006): Scientific Cultures of Non-Knowledge in the Controversy over Genetically Modified Organisms (GMO) The Cases of Molecular Biology and Ecology, GAIA 15/4: S. 294–301.

Bondzio, A.; Lodemann, U.; Weise, C.; Einspanier, R. (2013): Cry1Ab Treatment Has No Effects on Viability of Cultured Porcine Intestinal Cells, but Triggers Hsp70 Expression, PLOS one, Vol. 8, Issue 7, e67079. www.plosone.org/article/fetchObject.action?uri=info%3Adoi%2F10.1371%2Fjournal.pone.0067079&representation=PDF

Bott, S.; Tesfamariam, T.; Candan, H.; Ismail Cakmak, I.; Römheld, V.; Neumann, G. (2008): Glyphosate-induced impairment of plant growth and micronutrient status in glyphosate-resistant soybean (Glycine max L.), Plant Soil 312: S. 185–194.

Bringolf R. B.; Cope W. G.; Mosher, S.; Barnhart, M. C.; Shea D. (2007): Acute and chronic toxicity of glyphosate compounds to glochidia and juveniles of Lampsilis siliquoidea (Unionidae). Environ Toxicol Chem 26(10): S. 2094–2100.

Brookes, G. & Barfoot, P. (2012): The income and production effects of biotech crops globally 1996–2010 GM Crops and Food: Biotechnology in Agriculture and the Food Chain 3:4, S. 265–272.

Brumlop, S. & Finckh, M. R. (2011): Applications and potentials of marker assisted selection (MAS) in plant breeding, BfN-Skripten 298. www.bfn.de/fileadmin/MDB/documents/service/Skript_298.pdf

Bryson, B. (2005): Eine kurze Geschichte von fast allem, 5. Auflage, Goldmann Verlag.

Caglar, S. & Kolankaya, D. (2008): The effect of sub-acute and sub-chronic exposure of rats to the glyphosate-based herbicide Roundup. Environmental Toxicology and Pharmacology 25: S. 57–62. http://www.sciencedirect.com/science/article/pii/S1382668907001135

Carlisle, S. M. & Trevors, J. T. (1988): Glyphosate in the environment, Water, Air and Soil Pollution 39, S. 409–420.

Carr, P. A.; Wang, H. H.; Sterling, B.; Isaacs, F. J.; Lajoie, M. J.; Xu, G.; Church, G. M.; Jacobson, J. M. (2012): Enhanced multiplex genome engineering through co-operative oligonucleotide co-selection, Nucleic Acids Research, 2012, Vol. 40, No. 17, doi:10.1093/nar/gks455

Carter, C. A. & Smith, A. (2003): StarLink Contamination and Impact on Corn Prices. Contributed paper presented at the International Conference Agricultural policy reform and the WTO: where are we heading? Capri (Italy), June 23–26, 2003. http://www.ecostat.unical.it/2003agtradeconf/Contributed%20papers/Carter%20and%20Smith.pdf

Catangui, M. A. & Berg, R. K. (2006): Western bean cutworm, Striacosta albicosta (Smith) (Lepidoptera: Noctuidae), as a potential pest of transgenic Cry1Ab Bacillus thuringiensis corn hybrids in South Dakota, Environmental Entomology 35: S. 1439–1452.

Center for Food Safety (2005): Monsanto vrs US Farmers. www.centerforfoodsafety.org

Chainark, P. (2008): Availability of genetically modified feed ingredient II: investigations of ingested foreign DNA in rainbow trout Oncorhynchus mykiss. Fisheries Science, 74(2): S. 380–390.

Chang, F.-C.; Simcik, M. F.; Capel, P. D. (2011): Occurrence and fate of the herbicide glyphosate and its degradate aminomethylphosphonic acid in the atmosphere. Environ Tox and Chem 2011, 30: S. 548–555. doi:10:1002/35c.431

Chen, D.; Ye, G.; Yang, C.; Chen, Y.; Wu, Y. (2005): The effect of high temperature on the insecticidal properties of Bt Cotton. Environmental and Experimental Botany 53: S. 333–342.

Chowdhury, E. H.; Kuribara, H.; Hino, A.; Sultana, P.; Mikami, O.; Shimada, N.; Guruge, K. S.; Saito, M.; Nakajima, Y. (2003): Detection of corn intrinsic and recombinant DNA fragments and Cry1Ab protein in the gastrointestinal contents of pigs fed genetically modified corn Bt11. J. Anim. Sci. 81: S. 2546–2551.

Chu, C. C.; Sun, W.; Spencer, J. L.; Pittendrigh, B. R.; Seufferheld, M. J. (2014): Differential effects of RNAi treatments on field populations of the western corn rootworm, Pesticide Biochemistry and Physiology, online 27 February 2014.

Church, G.; Regis, E. (2012): Regenesis, how synthetic biology will reinvent nature and ouselves, Basis Books, New York.

Coughlin, B. C. (2000): Evolutionary Developmental Biology Special Feature, PNAS, Vol 97, No 9, S. 4424–4425.

Dawkins, R. (1976): Das egoistische Gen, Jubläumsausgabe 2006, Elsevier, Spektrum Akademischer Verlag.

Diehn, S. H.; de Rocher, E. J.; Green, P. J. (1996): Problems that can limit the expression of foreign genes in plants: Lessons to be learned from B.t. toxin genes. Genetic Engineering, Principles and Methods 18: S. 83–99.

Dong, H. Z. & Li, W. J. (2006): Variability of Endotoxin Expression in Bt Transgenic cotton. J. Agronomy & Crop Science 193, S. 21–29.

Dorhout, D. L. & Rice, M. E. (2004): First report of western bean cutworm, Richia albicosta (Noctuidae) in Illinois and Missouri. Crop Management. www.plantmanagementnetwork.org/pub/cm/brief/2004/cutworm

EASAC (2013): Planting the future: opportunities and challenges for using crop genetic improvement technologies for sustainable agriculture, EASAC policy report 21. www.easac.eu/fileadmin/Reports/Planting_the_Future/EASAC_Planting_the_Future_FULL_REPORT.pdf

Eichenseer, H.; Strohbehn, R.; Burks, J. (2008): Frequency and Severity of Western Bean Cutworm (Lepidoptera: Noctuidae) Ear Damage in Transgenic Corn Hybrids Expressing Different Bacillus thuringiensis Cry Toxins, Journal of Economic Entomology, Volume 101, 2: S. 555–563.

Edgerton et al. (2012): Transgenic insect resistance traits increase corn yield and yield stability, Nature biotechnology, 30: S. 493–496.

EFSA (2009a): Scientific Opinion of the Panel on Genetically Modified Organisms on applications (EFSA-GMO-NL-2005-22 and EFSA-GMO-RX-NK603) for the placing on the market of the genetically modified glyphosate tolerant maize NK603 for cultivation, food and feed uses and import and processing, and for renewal of the authorisation of maize NK603 as existing product. The EFSA Journal (2009) 1137, S. 1–50.

EFSA (2009b): Scientific Opinion of the Panel on Genetically Modified Organisms on applications (EFSA-GMO- RX-MON810) for the renewal of authorisation for the continued marketing of (1) existing food and food ingredients produced from genetically modified insect resistant maize MON810; (2) feed consisting of and/or containing maize MON810, including the use of seed for cultivation; and of (3) food and feed additives, and feed materials produced from maize MON810, all under Regulation (EC) No 1829/2003 from Monsanto. The EFSA Journal (2009) 1149: S. 1–84. http://www.efsa.europa.eu/EFSA/efsa_locale-1178620753812_1211902628240.htm

EFSA (2011a): Guidance for the risk assessment of food and feed from genetically modified plants. The EFSA Journal 2193, S. 1–54. http://www.efsa.europa.eu/en/efsajournal/doc/2193.pdf

EFSA (2011b): Letter to DG Sanco, 19. August 2011, Ref PB/HF/AFD/mt (2011) 5863329 Request for advice from DG Sanco to analyse the articles on residues associated with GMO/ maternal and fetal exposure in relation to a previous statement from 2007 ...

EFSA (2012a): Scientific Opinion on an application (EFSA-GMO-NL-2005-24) for the placing on the market of the herbicide tolerant genetically modified soybean 40-3-2 for cultivation under Regulation (EC) No 1829/2003 from Monsanto. www.efsa.europa.eu/efsajournal

EFSA Panels on GMO and AHAW (2012b): Scientific Opinion on the Guidance on the risk assessment of food and feed from genetically modified animals and animal health and welfare aspects. EFSA Journal 2012; 10(1): 2501.

EFSA GMO Panel (2013): Guidance on the environmental risk assessment of genetically modified animals. EFSA Journal 2013; 11(5): 3200, 190 S., doi:10.2903/j.efsa.2013.3200

ENCODE Project Consortium (2012): An integrated encyclopedia of DNA elements in the human genome, Nature, 489, S. 57–74.

ETC Group (2011): Who will control the Green Economy? www.etcgroup.org/content/who-will-control-green-economy-0

EU Commission (2013a): The EU seed and plant material market in perspective: a focus on companies and market shares, Directorate-general for internal policies of the European Parliament, November 2013, Brussels. www.europarl.europa.eu/RegData/etudes/note/join/2013/513994/IPOL-AGRI_NT(2013)513994_EN.pdf

EU Commission (2013b): Commission staff working document – impact assessment accompanying the document proposal for a regulation of the European Parliament and of the council on the production and making available on the market of plant reproductive material, European Commission May 2013, Brussels, S. 31. http://ec.europa.eu/dgs/health_consumer/pressroom/docs/proposal_aphp_ia_en.pdf

European Communities (2005): Measures affecting the approval and marketing of biotech products (DS291, DS292, DS293). Comments by the European Communities on the scientific and technical advice to the panel. 28 January 2005. http://trade.ec.europa.eu/doclib/html/128390.htm

Fernandez-Cornejo, J.; Wechsler, S.; Livingston, M.; Mitchell, L. (2014): Genetically Engineered Crops in the United States, United States Department of Agriculture, Economic Research Service. www.ers.usda.gov/publications/err-economic-research-report/err162.aspx

Finamore, A.; Roselli, M.; Britti, S.; Monastra, G.; Ambra, R.; Turrini, A.; Mengheri, E. (2008): Intestinal and peripheral immune response to MON810 maize ingestion in weaning and old mice. Journal of Agricultural and Food Chemistry, 56: S. 11533–11539.

Forlani, G.; Kafarski, P.; Lejczak, B.; Wieczorek, P. (1997): Mode of Action of Herbicidal Derivatives of Aminomethylenebisphosphonic Acid. Part II. Reversal of Herbicidal Action by Aromatic Amino Acids J Plant Growth Regul (1997) 16: S. 147–152.

Fox-Keller, E. (2001): Das Jahrhundert des Gens, Campus Verlag.

Frankenhuyzen, K. (2009): Insecticidal activity of Bacillus thuringiensis crystal proteins, Journal of Invertebrate Pathology 101, S. 1–16.

Fu, Y.; Foden, J. A.; Khayter, C.; Maeder, M. L.; Reyon, D.; Joung, J. K.; Sander, J. D. (2013): High-frequency off-target mutagenesis induced by CRISPR-Cas nucleases in human cells, nature biotechnology, Vol. 31, Nr. 9: S. 822–826.

Gaines, T. A.; Zhang, W.; Wang, D.; Bukun, B.; Chisholm, S. T.; Shaner, D. L.; Nissen, S. J.; Patzoldt, W. L.; Tranel, P. J.; Culpepper, A. S.; Grey, T. L.; Webster, T. M.; Vencill, W. K.; Sammons, R. D.; Jiang, J.; Preston, C.; Leach, J. E.; Westra. P. (2009): Gene amplification confers glyphosate resistance in Amaranthus palmeri. Proc. Natl. Acad. Sci. USA, 107: S. 1029–1034.

Gale, M. (1998): Comparative genetics in the grasses, PNAS, Vol. 95, Issue 5, March 3, National Academy of Science, S. 1971–1974.

GAO, United States Government Accountability Office (2008): Genetically Engineered Crops. Agencies Are Proposing Changes to Improve Oversight, but Could Take Additional Steps to Enhance Coordination and Monitoring. Report to the Committee on Agriculture, Nutrition, and Forestry U.S. Senate. http://www.gao.gov/new.items/d0960.pdf

Gasnier, C.; Dumont, C.; Benachour, N.; Clair, E.; Chagnon, M. C.; Seralini, G. E. (2009): Glyphosate-based herbicides are toxic and endocrine disruptors in human cell lines. Toxicology 262(3): S. 184–191.

Gassmann, A. J.; Petzold-Maxwell, J. L.; Keweshan, R. S.; Dunbar, M. W. (2011): Field evolved resistance to Bt maize by Western corn rootworm. PLoS ONE 6, e22629.

Gertz, J. M.; Vencill, W. K.; Hill N. S. (1999): Tolerance of Transgenic Soybean (Glycine max) to Heat Stress. British Crop Protection Conference – Weeds, 15–19 Nov 1999, Brighton: S. 835–840.

Gibson, D. G.; Glass, J. I.; Lartigue, C.; Noskov, V. N.; Chuang, R. Y.; Algire, M. A.; Benders, G. A.; Montague, M. G.; Ma, L.; Moodie, M. M.; Merryman, C.; Vashee, S.; Krishnakumar, R.; Garcia, N. A.; Pfannkoch, C. A.; Denisova, E. A.; Young, L.; Qi, Z. Q.; Segall-Shapiro, T. H.; Calvey, C. H.; Parmar, P. P.; Hutchison, C. A.; Smith, H. O.; Venter, J. C. (2010): Creation of a Bacterial Cell Controlled by a Chemically Synthesized Genome, Science DOI: 10.1126/science.1190719, Published Online May 20, 2010.

Gu, J.; Krogdahl, A.; Sissener, N. H.; Kortner, T. M.; Gelencser, E.; Hemre, G.-I.; Bakke, A. M. (2012): Effects of oral Bt-maize (MON810) exposure on growth and health parameters in normal and sensitised Atlantic salmon, Salmo salar L., British Journal of Nutrition.

Heap, I. (2014): Global Perspective of Herbicide-Resistant Weeds, Pest Manag Sci, 70 (9): S. 130–131.

Hilbeck, A. & Schmidt, J. E. U. (2006): Another view on Bt proteins – How specific are they and what else might they do?: Biopesticides International 2(1): S. 1–50.

Hilbeck, A.; McMillan, J. M.; Meier, M.; Humbel, A.; Schlaepfer-Miller, J.; Trtikova, M. (2012): A controversy re-visited: Is the coccinellia Adalia bipunctata adversely affected by Bt toxins, Environmental Sciences Europe 24(10), doi:10.1186/2190-4715-24-10

Howard, P. H. (2009): Visualizing Consolidation in the Global Seed Industry: 1996–2008, Sustainability 2009, 1, S. 1266–1287. doi:10.3390/su1041266

Hubbard, K. (2009): Out of Hand, Farmers Face the Consequences of a Consolidated Seed Industry, National Family Farm Coalition. http://farmertofarmercampaign.com

Huffmann, D. L.; Abrami, L.; Sasik, R.; Corbeil, J.; van der Goot, G.; Aroian, R. V. (2004): Mitogen-activated protein kinase pathways defend against bacterial pore-forming toxins. Proc Natl Acad Sci USA, 101: S. 10995–11000.

Hutchison, W. D.; Hunt, T. E.; Hein, G. L.; Steffey, K. L.; Pilcher, C. D.; Rice, M. E. (2011): Genetically Engineered Bt Corn and Range Expansion of the Western Bean Cutworm (Lepidoptera: Noctuidae) in the United States: A Response to Greenpeace Germany, J. Integ. Pest Mngmt. 2(3): 2011; DOI: http://dx.doi.org/10.1603/IPM11016

Ito, A.; Sasaguri, Y.; Kitada, S.; Kusaka, Y.; Kuwano, K.; Masutomi, K.; Mizuki, E.; Akao, T.; Ohba, M. (2004): Bacillus thuringiensis crystal protein with selective cytocidal action on human cells. J Biol Chem 279: S. 21282–21286.

Jablonka, E. & Raz, G. (2009): Transgenerational epigenetic inheritance: Prevelance, mechanisms and implications for the study of heredity and evolution, The Quarterly review of Biology, Vol. 84, No. 2, S. 131–176.

Jiao, Z.; Si, X. X.; Li, G. K.; Zhang, Z. M.; Xu, X.P. (2010): Unintended Compositional Changes in Transgenic Rice Seeds (Oryza sativa L.) Studied by Spectral and Chromatographic Analysis Coupled with Chemometrics Methods , J. Agric. Food Chem. 2010, 58, S. 1746–1754.

Johal, G. S.; Huber, D. M. (2009): Glyphosate effects on diseases of plants. Eur J Agron 31(3): S. 144–152.

Kempken & Kempken (2012): Gentechnik bei Pflanzen, Chancen und Risiken, 4. Auflage, Springer.

Kim, Y. H.; Hong, J. R.; Gil, H. W.; Song, H. Y.; Hong, S. Y. (2013): Mixtures of glyphosate and surfactant TN20 accelerate cell death via mitochondrial damage-induced apoptosis and necrosis, Toxicology in Vitro 27(1): S. 191–197.

Kleter, G. A.; Unsworth, J. B.; Harris, C. A. (2011): The impact of altered herbicide residues in transgenic herbicide-resistant crops on standard setting for herbicide residues, Pest Management Science 67, 10: S. 1193–1210. DOI 10.1002/ps.2128

Kramarz, P. E.; Vaufleury, A.; Zygmunt, P. M. S; Verdun, C. (2007): Increased response to cadmium and bacillus thuringiensis maize toxicity in the snail Helix aspersa infected by the nematode Phasmarhabditis hermaphrodita. Environ Toxicol Chem 26(1): S. 73–79.

Krämer, L. (2013): Genetically Modified Living Organisms and the Precautionary Principle, legal dossier commissioned by Testbiotech, www.testbiotech.de/node/904

Kroghsbo, S.; Madsen, C.; Poulsen M. et al. (2008): Immunotoxicological studies of genetically modified rice expressing PHA-E lectin or Bt toxin in Wistar rats. Toxicology, 245: S. 24–34.

Krohs, U. & Toepfer, G. (Hrsg.) (2005): Philosophie der Biologie, suhrkamp taschenbuch wissenschaft.

Lang, A. & Otto, M. (2010): A synthesis of laboratory and field studies on the effects of transgenic Bacillus thuringiensis (Bt) maize on non-target Lepidoptera, Entomologia Experimentalis et Applicata 135: S. 121–134.

Lewontin, R. (2002): Die Dreifachhelix, Gen, Organismus und Umwelt, Springer.

de Liz Oliveira Cavalli, V. L.; Cattani, D.; Heinz Rieg, C. E.; Pierozan, P.; Zanatta, L.; Benedetti Parisotto, E., ... Zamoner, A. (2013): Roundup Disrupted Male Reproductive Functions By Triggering Calcium-Mediated Cell Death In Rat Testis And Sertoli Cells. Free Radical Biology and Medicine, 65: S. 335–346. http://www.sciencedirect.com/science/article/pii/S0891584913003262

Lövei, G. L.; Andow, D. A.; Arpaia, S. (2009): Transgenic insecticidal crops and natural enemies: a detailed review of laboratory studies. Environmental Entomology 38(2): S. 293–306.

Lorch, A. & Then, C. (2007): How much Bt toxin do GE MON810 maize plants actually produce, Greenpeace-Report. www.greenpeace.de/fileadmin/gpd/user_upload/themen/gentechnik/greenpeace_bt_maize_engl.pdf

Lusk, R. W. (2014): Diverse and Widespread Contamination Evident in the Unmapped Depths of High Throughput Sequencing Data. PLoS ONE 9(10): e110808. doi:10.1371/journal.pone.0110808

Lusser, M.; Parisi, C.; Plan, D.; Rodriguez-Cerezo, E. (2011): New plant breeding techniques: State-of-the-art and prospects for commercial development. European Commission, Joint Research Centre (JRC). JRC Report, EUR 24760 EN. http://ftp.jrc.es/EURdoc/JRC63971.pdf

Macilwain, C. (2005): US launches probe into sales of unapproved transgenic corn. In: Nature, Jg. 434, H. 7032, S. 423.

Mammana, I. (2014): Concentration of market power in the EU seed market, study commissioned by the Greens/EFA Group in the European Paliament. www.greens-efa-service.eu/concentration_of_market_power_in_EU_see_market/

Mann A. (2010): Sponge genome goes deep, Nature, Vol 466, S. 5.

Matthews, D.; Jones, H.; Gans, P.; Coates S.; Smith, L. M. J. (2005): Toxic secondary metabolite production in genetically modified potatoes in response to stress. Journal of Agricultural and Food Chemistry, 10.1021/jf050589r.

Mayr, E. (2003): Das ist Evolution, Bertelsmann.

Mazza, R.; Soavel, M.; Morlacchini, M.; Piva, G.; Marocco, A. (2005): Assessing the transfer of genetically modified DNA from feed to animal tissues, Transgenic Res. 14: S. 775–784.

Mesnage, R.; Clair, E.; Gress, S.; Then, C.; Székács, A.; Séralini, G.-E. (2012a): Cytotoxicity on human cells of Cry1Ab and Cry1Ac Bt insecticidal toxins alone or with a glyphosate-based herbicide, Journal of Applied Toxicology. http://onlinelibrary.wiley.com/doi/10.1002/jat.2712/abstract

Mesnage, R.; Bernay, B.; Seralini, G.-E. (2012): »Ethoxylated adjuvants of glyphosate-based herbicides are active principles of human cell toxicity«. Toxicology. http://dx.doi.org/10.1016/j.tox.2012.09.006

Meyer, P.; Linn, F.; Heidann, I.; Meyer, H.; Niedenhof, I.; Saedler, H. (1992): Endogenous and environmental factors influence 35S promoter methylation of a maize A1 gene construct in transgenic petunia and its colour phenotype. Mol. Gen. Genet. 231: S. 345–352.

Michel, A. P.; Krupke, C. H.; Baute, T. S.; Difonzo, C. D. (2010): Ecology and Management of the Western Bean Cutworm (Lepidoptera: Noctuidae) in Corn and Dry Beans, J. Integ. Pest Mngmt. 1(1): 2010; DOI: 10.1603/IPM10003

Monsanto (2011): Annual monitoring report on the cultivation of MON 810 in 2010. http://ec.europa.eu/food/food/biotechnology/docs/report_mon_810_en.pdf

Moreau, D. T.R .; Conway, C.; Fleming, I. A. (2011): Reproductive performance of alternative male phenotypes of growth hormone transgenic Atlantic salmon (Salmosalar), Evolutionary Applications.

Mortensen, D. A.; Egan, J. T.; Maxwell, B. D.; Ryan, M. R.; Smith, R. G. (2012): Navigating a critical juncture for sustainable weed management. BioScience 2012, 62: S. 75–84.

Muir, W. M. & Howard, R. D. (2001): Fitness components and ecological risk of transgenic release: A model using Japanese medaka (Oryzias latipes). American Naturalist 158: S. 1–16.

OECD (1992): Biotechnology, Agriculture and Food, 1992, Published by OECD Publishing, Publication, 28 July 1992, OECD Code: 931992031P1.

Oke, K. B.; Westley, P. A. H.; Moreau, D. T. R.; Fleiming, I .A. (2013): Hybridization between genetically modified Atlantic salmon and wild brown trout reveals novel ecological interactions, Proc. R. Soc. B 2013 280, 20131047

Omran, N. E. & Salama, W. M. (2013): The endocrine disrupter effect of atrazine and glyphosate on Biomphalaria alexandrina snails. Toxicology and industrial health, 0748233713506959. http://tih.sagepub.com/content/early/2013/11/05/0748233713506959.abstract

Oswald, K. J.; French, B. W.; Nielson, C.; Bagley, M. (2012): Assessment of fitness costs in Cry3Bb1-resistant and susceptible western corn rootworm (Coleoptera: Chrysomelidae) laboratory colonies. Journal of Applied Entomology, DOI: 10.1111/j.1439-0418.2012.01704.x

Paganelli, A.; Gnazzo, V.; Acosta, H.; Lopez, S. L.; Carrasco, A. E. (2010): Glyphosate-based herbicides produce teratogenic effects on vertebrates by impairing retinoic acid signalling. Chem. Res. Toxicol.; August 9. pubs.acs.org/doi/abs/10.1021/tx1001749

PAN AP, Pesticide Action Network Asian Pacific (2009): Monograph on Glyphosate. www.panap.net/en/p/post/pesticidesinfo-database/115

Pauwels, K.; Podevin, N.; Breyer, D.; Carroll D.; Herman P. (2013): Engineering nucleases for gene targeting: safety and regulatory considerations, New Biotechnology Volume 00, Number 00, August 2013.

Pearson, H. (2006): What is a Gene?, Nature 441, S. 399–401.

Pigott, C. R. & Ellar, D. J. (2007): Role of receptors in Bacillus thuringiensis crystal toxin activity, Microbiol Mol Biol Rev 71(2): S. 255–281.

Pleasants, J. M. & Oberhauser, K. S. (2012): Milkweed loss in agricultural fields due to herbicide use: Effect on the Monarch Butterfly population. Insect Conservation and Diversity, DOI:10.1111/j.1752-4598.2012.00196.x

Popper, K. R. (1987): Auf der Suche nach einer besseren Welt, Piper Verlag.

Rabobank (1996): The World Seed Market (Second edition). Rabobank international Marketing, Netherlands.

Ran, T.; Mei, L.; Lei, W.; Aihua, L.; Ru, H.; Jie, S. (2009): Detection of transgenic DNA in tilapias (Oreochromis niloticus, GIFT strain) fed genetically modified soybeans (Roundup Ready), Aquaculture Research, 40 (12): S. 1350–1357.

Rang, A.; Linke, B.; Jansen, B. (2005): Detection of RNA variants transcribed from the transgene in Roundup Ready soybean, Eur Food Res Technol 220: S. 438–443.

Rathmacher, G.; Niggemann, M.; Kohnen, M.; Ziegenhagen, B.; Bialozyt, R. (2010): Short-distance gene flow in Populus nigra L. accounts for small-scale spatial genetic structures: implications for in situ conservation measures, Conserv Genet 11: S. 1327–1338.

Relyea, R. A. (2012): New effects of Roundup on amphibians: Predators reduce herbicide mortality; herbicides induce antipredator morphology. Ecological Applications 22: 634-647. http://dx.doi.org/10.1890/11-0189

Relyea, R. A. & Jones, D. K. (2009). The toxicity of Roundup Original Max to 13 species of larval amphibians. Environ Toxicol Chem 28(9): S. 2004–2008.

Reuter, T.; Alexander, T. W.; Martinez, T. F.; McAllister, T. A. (2007): The effect of glyphosate on digestion and horizontal gene transfer during in vitro ruminal fermentation of genetically modified canola, J Sci Food Agri 87: S. 2837–2843.

Rose, S. (2000): Darwins gefährliche Erben, Beck.

Saeglitz, C.; Bartsch, D.; Eber, A.; Gathmann, K.; Priesnitz, K. U.; Schuphan, I. (2006): Monitoring the Cry1Ab Susceptibility of European Corn Borer in Germany, J. Econ. Entomol.; 99(5): S. 1768–1773.

Sagstad, A.; Sanden, M.; Haugland, Ø.; Hansen, A. C.; Olsvik, P. A.; Hemre, G. I. (2007): Evaluation of stress and immune-response biomarkers in Atlantic salmon, Salmo salar L.; fed different levels of genetically modified maize (Bt maize), compared with its near-isogenic parental line and a commercial suprex maize, Journal of Fish Diseases, 30: S. 201–212.

Sammons, R. D. & Gaines, T. A. (2014): Glyphosate resistance: State of knowledge, Pest Management Science, 70, (9): S. 1367–1377.

Schafer, M. G.; Ross, A. A.; Londo, J. P.; Burdick, C. A.; Lee, E. H. et al. (2011): The Establishment of Genetically Engineered Canola Populations in the U.S. PLoS ONE 6(10): e25736. doi:10.1371/journal.pone.0025736; www.plosone.org/article/info%3Adoi%2F10.1371%2Fjournal.pone.0025736

Seralini, G. E.; Clair, E.; Mesnage, R.; Gress, S.; Defarge, N.; Malatesta, M.; Hennequin, D.; Spiroux de Vendomois, J. (2014): Republished study: long-term toxicity of a Roundup herbicide and a Roundup-tolerant genetically modified maize, Environmental Sciences Europe 2014, 26: S. 14.

Service, R. F. (2013): What Happens When Weed Killers Stop Killing? Science 341 (6152): S. 1329. www.sciencemag.org/content/341/6152/1329.full

Sharma, R.; Damgaard, D.; Alexander, T. W.; Dugan, M. E. R.; Aalhus, J. L.; Stanford, K.; McAllister, T. A. (2006): Detection of transgenic and endogenous plant DNA in tissues of sheep and pigs fed Roundup Ready canola meal. Journal of Agricultural Food Chemistry, 54: S. 1699–1709.

Shehata, A. A.; Schrödl, W.; Aldin, A. A.; Hafez, H. M.; Krüger, M. (2012): The Effect of Glyphosate on Potential Pathogens and Beneficial Members of Poultry Microbiota In Vitro, Curr Microbiol DOI 10.1007/s00284-012-0277-2

Shimada, N.; Kim, Y. S.; Miyamoto, K.; Yoshioka, M.; Murata, H. (2003): Effects of Bacillus thuringiensis Cry1Ab toxin on mammalian cells. J Vet Med Sci 65: S. 187–191.

Soberón, A.; Gill, S. S.; Bravo, A. (2009): Signaling versus punching hole: How do Bacillus thuringiensis toxins kill insect midgut cells? Cell. Mol. Life Sci. 66: S. 1337–1349.

Spisak, S.; Solymosi, N.; Ittzes, P.; Bodor, A.; Kondor, D. et al. (2013): Complete Genes May Pass from Food to Human Blood. PLoS ONE 8(7): e69805.doi:10.1371/journal.pone.0069805

Stein, A. J. & Rodriguez-Cerezo, E. (2009): The global pipeline of new GM crops, Implications of asynchronous approval for international trade, European Commission, Joint Research Centre, Institute for Prospective Technological Studies, EUR 23486 EN - 2009.

Székács, A.; Weiss, G.; Quist, D.; Takács, E.; Darvas, B.; Meier, M.; Swain, T.; Hilbeck, A.; (2011): Inter-laboratory comparison of Cry1Ab toxin quantification in MON 810 maize by ezyme-immunoassay, Food and Agricultural Immunology, DOI:10.1080/09540105.2011.604773.

Tabashnik, B. E.; Brévault, T.; Carrière, Y. (2013): Insect resistance to Bt crops: lessons from the first billion acres , Nature biotechnology, 31, Nr. 6, S. 510–521.

Tang, G.; Hu, Y.; Yin, S.; Wang, Y.; Dallal, G. E.; Grusak, M. A.; Russell, R. M. (2012): β-carotene in GE »Golden« rice is as good as β-carotene in oil at providing vitamin A to children. American Journal of Clinical Nutrition, 96: S. 658–664.

Tate, T. M.; Spurlock, J. O.; Christian, F. A. (1997): Effect of glyphosate on the development of Pseudosuccinea columella snails. Arch Environ Contam Toxicol 33: S. 286–289.

Testbiotech (2011): Expression of Bt toxins in »SmartStax«, Analyses of Stilwell & Silvanovich, 2007, and Phillips, 2008, Report number MSL0021070 and Sub-Report ID: 61026.05, Testbiotech. www.testbiotech.org/sites/default/files/SmartStax_Expression_data_Testbiotech_0.pdf

Testbiotech (2012): Technical background for a complaint under Article 10 of Regulation (EC) No. 1367/2006 against the decision of the EU Commission to give market authorisation to stacked soy MON87701 x MON89788, Testbiotech. www.testbiotech.de/node/691

Then, C. (2008): Dolly ist tot, Rotpunkt.

Then, C. (2010a): Risk assessment of toxins derived from Bacillus thuringiensis-synergism, efficacy, and selectivity. Environ Sci Pollut Res Int; 17(3): S. 791–797.

Then, C. (2010b): New pest in crop caused by large scale cultivation of Bt corn. In: Breckling, B. & Verhoeven, R. (2010): Implications of GM-Crop Cultivation at Large Spatial Scales, Theorie in der Ökologie, Peter Lang.

Then, C. (2013): 30 years of genetically engineered plants – 20 years of commercial cultivation in the United States: a critical assessment, Testbiotech, www.testbiotech.org/node/763

Then, C. (2014): Free trade for »high-risk biotech«? Future of genetically engineered organisms, new synthetic genome technologies and the planned free trade agreement TTIP – a critical assessment, Testbiotech. www.testbiotech.org/node/1007

Then, C. & Bauer-Panskus, A. (2012): Schlecht beraten: Gentechnik-Lobbyisten dominieren Expertengremium – Schwere Interessenkonflikte beim Bundesinstitut für Risikobewertung (BfR). www.testbiotech.de/node/667

Then, C. & Lorch, A. (2008): A simple question in a complex environment: How much Bt toxin do genetically engineered MON810 maize plants actually produce? In: Breckling, B.; Reuter, H.; Verhoeven, R. (Hrsg.) (2008): Implications of GM-Crop Cultivation at Large Spatial Scales, Theorie in der Ökologie 14, Peter Lang. http://www.mapserver.uni-vechta.de/generisk/gmls2008/index.php?proceedings=ja&call=ja

Then, C. & Hamberger, S. (2010): Gentechnisch veränderte Pappeln – eine ökologische Zeitbombe? Ein Report von Testbiotech in Zusammenarbeit mit der Gesellschaft für ökologische Forschung. www.testbiotech.de/sites/default/files/101207_testbiotech_pappeln_en.pdf

Then, C. & Stolze, M. (2010): Economic impacts of labelling thresholds for the adventitious presence of genetically engineered organisms in conventional and organic seeds, Report prepared for IFOAM. http://www.testbiotech.de/node/373

Thomas, W. E. & Ellar, D. J. (1983): Bacillus thuringiensis var israelensis crystal delta-endotoxin: effects on insect and mammalian cells in vitro and in vivo. J Cell Sci 60(1): S. 181–197.

Thongprakaisang, S.; Thiantanawat, A.; Rangkadilok, N.; Suriyo, T.; Satayavivad, J. (2013): »Glyphosate induces human breast cancer cells growth via estrogen receptors«. Food and Chemical Toxicology. www.sciencedirect.com/science/article/pii/S0278691513003633

Tudisco, R.; Mastellone, V.; Cutrignelli, M. I.; Lombardi, P.; Bovera, F.; Mirabella, N.; Piccolo, G.; Calabro, S.; Avallone, L.; Infascelli, F. (2010): Fate of transgenic DNA and evaluation of metabolic effects in goats fed genetically modified soybean and in their offsprings. Animal, 4(10): S. 1662–1671.

Van Reenen, C. G.; Meuwissen, T. H.; Hopster, H.; Oldenbroek, K.; Kruip, T. H.; Blokhuis, H. J. (2001): Transgenesis may affect farm animal welfare: a case for systematic risk assessment, J Anim Sci 79: S. 1763–1779.

Vogel, B. (2012): Neue Pflanzenzuchtverfahren – Grundlagen für die Klärung offener Fragen bei der rechtlichen Regulierung neuer Pflanzenzuchtverfahren, Bundesamt für Umwelt (BAFU), Sektion Biotechnologie, Bern, Baudirektion des Kantons Zürich, Amt für Abfall, Wasser, Energie und Luft (AWEL), Sektion Biosicherheit (SBS). www.awel.zh.ch/internet/baudirektion/awel/de/biosicherheit_neobiota/veroeffentlichungen/_jcr_content/contentPar/publication_2/publicationitems/titel_wird_aus_dam_e_0/download.spooler.download.1372927394124.pdf/Schlussbericht_NeuePflanzenzuchtverfahren_DEZ2012.pdf

Walsh, M. C.; Buzoianu, S. G.; Gardiner, G. E.; Rea, M. C.; Gelencsér, E.; Jánosi, A.; Epstein, M. M.; Ross, R. P.; Lawlor, P. G. (2011): Fate of Transgenic DNA from orally administered Bt MON810 maize and effects on immune response and growth in pigs. PLoS ONE 6(11): e27177, doi: 10. 1371/journal.pone.0027177

Zeller, S. L.; Kalininal, O.; Brunner, S.; Keller B.; Schmid B. (2010): Transgene x Environment Interactions in Genetically Modified Wheat. http://www.plosone.org/article/info:doi/10.1371/journal.pone.0011405

Zhang, L.; Hou, D.; Chen, X.; Li, D.; Zhu, L.; Zhang, Y.; Li, J.; Bian, Z.; Liang, X.; Cai, X.; Yin, Y.; Wang, C.; Zhang, T.; Zhu, D.; Zhang, D.; Xu, J.; Chen, Qu.; Ba, Y.; Liu, J.; Wang, Q.; Chen, J.; Wang, J.; Wang, M.; Zhang, Q.; Zhang, J.; Zen, K.; Zhang, C. Y. (2011): Exogenous plant MIR168a specifically targets mammalian LDLRAP1: evidence of cross-kingdom regulation by microRNA, Cell Research: S. 1–10.

ZKBS, Zentrale Kommission für biologische Sicherheit (2012): Position statement of the ZKBS on new plant breeding techniques, www.bvl.bund.de/SharedDocs/Downloads/06_Gentechnik/ZKBS/02_Allgemeine_Stellungnahmen_englisch/05_plants/zkbs_plants_new_plant_breeding_techniques.pdf?__blob=publicationFile&v=2

HONIG BIENE NAHRUNG S. 175

FORDERUNGEN S. 162

VORSORGE: PRÜFUNG VOR SCHÄDEN: OB ZU ERWARTEN NICHT ERST NACH

LEBENS-FUTTERMITTEL

KREUZ-ZÜCHTUNG

GERADE BEI RAPS, WENIGER BEI MAIS u. REIS